海洋"时光机"

庾 华 主编
高睿泽 李怡欣 著

海峡出版发行集团
THE STRAITS PUBLISHING & DISTRIBUTING GROUP | 鹭江出版社

图书在版编目（CIP）数据

海洋"时光机" / 庚华主编 ；高睿泽，李怡欣著.
— 厦门 ：鹭江出版社，2023.5
（"蓝色家园"原创科普丛书）
ISBN 978-7-5459-2131-1

Ⅰ. ①海… Ⅱ. ①庚… ②高… ③李… Ⅲ. ①海
洋学－青少年读物 Ⅳ. ①P7-49

中国国家版本馆CIP数据核字（2023）第054230号

HAIYANG SHIGUANGJI

海洋"时光机"

庚 华 主编
高睿泽 李怡欣 著

出　　版：鹭江出版社
地　　址：厦门市湖明路 22 号　　　　邮政编码：361004
发　　行：福建新华发行（集团）有限责任公司
印　　刷：福州德安彩色印刷有限公司
地　　址：福州金山工业区　　　　　　联系电话：0591-28059365
　　　　　浦上园 B 区 42 栋
开　　本：700mm×1000mm　　1/16
印　　张：9.5
字　　数：70 千字
版　　次：2023 年 5 月第 1 版　　　2023 年 5 月第 1 次印刷
书　　号：ISBN 978-7-5459-2131-1
定　　价：28.00 元

序

我小的时候就特别喜欢阅读科普读物，它们不仅给我的童年时光增添了很多乐趣，也为我小小的心灵打开了一扇扇通向外面世界的窗口。当庾华教授把这本精美的《海洋"时光机"》书稿发给我，并嘱我写篇序言时，我立刻答应了。翻看书里面的内容，精美的页面和有趣的故事时不时勾起我对美好童年的回忆。庾华教授是我们中南民族大学民族学与社会学学院文博专业的专职教师，拥有丰富的博物馆从业经验，对文博事业充满激情。这本科普读物正是庾华教授带领她的两位学生（一位是目前在南京大学就读文博硕士研究生的高睿泽，另一位是目前在浙江大学就读文博硕士研究生的李怡欣）一起编写的。这两位同学我也认识，曾经都是我们参与丝绸之路策展大赛的团队成员。在当今这个知识爆炸的信息时代，我们需要组织编写更多的文物科普读物，其意义不言而喻。

这本关于海洋文物的科普读物，用简洁的文字，辅以精美直观的文物图片，为我们勾勒出跨越千年的海上丝绸之路。那些满载货物（如今已是珍贵文物）的船舶漂洋过海，驶向世界各地，把古代中国货物输送出去的同时，也把我们灿烂的中华文化传播到世界各地。与此同时，返程归来的船舶也把世界各地的奇珍异宝带回了中国。于是，农耕文化与海洋文化、草原文化都通过这些货物建立了联系，文化及族群通过"物"进行着交流、交往与交融。

今天，这本《海洋"时光机"》就是一部真正的"时光机"，不仅重现了自秦汉以来的海上丝绸之路，还让原本沉默不语的文物"诉说"其承载的历史文化故事，也践行着"让文物说话，把历史智慧告诉人们"，甚至对于在中小学生群体开展铸牢中华民族共同体意识教育，也具有深远的意义。

陈祥军

2023 年 3 月 23 日

武汉　南湖苑

（陈祥军，新疆乌鲁木齐人，人类学博士，现就职于中南民族大学民族学与社会学学院，教授、硕士生导师，剑桥大学社会人类学系访问学者，入选"国家民委中青年英才培养计划"，国家民委"一带一路"国别与区域研究中心——丝绸之路研究中心主任，中南民族大学民族学与社会学学院"中华民族共同体建设跨学科研究团队"负责人。）

目 录

龙江船厂遗址

千里之行，始于舥板

　　"梯航万国来，争先贡金帛。"这句朗朗上口的古诗描绘出中国通过航海与世界交流的图景，以至于时至今日，我们依然能通过文字想象当时巨船劈波，云帆遮日的盛况。那么，明朝时期的人们是如何造船的？出海前要办理什么手续，和今天有什么不同？那就让我们走进龙江船厂遗址，搭乘时光机，穿越时空，回到千年前去寻找答案吧。

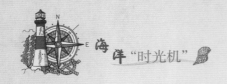

　　说到船，你会想到什么？是清风明月下的一叶扁舟，还是乘风破浪的庞然巨轮，抑或是神话传说里的天宫龙船、诺亚方舟？今天的我们绝不会对船感到陌生。只要走出门，就会发现小河上有专门负责给河道"美容"的垃圾清理船，湖光山色里有优哉游哉的脚踏观光船，水上乐园中有可爱的鸭子船与碰碰船，宽阔的江面上有川流不息的货船，碧蓝的大海里更有出没风波里的捕鱼船、豪华的邮轮、载货数十万吨的远洋货轮和乘风破浪的军舰……

　　种类丰富的船只已然成为现代社会中不可或缺的交通工具，人们用坚固厚实的钢铁与各种新式材料建造船只，并用马力强大的蒸汽轮机、燃气轮机、柴油机，甚至核动力发动机，让它们航行得更远。但今天先进的造船技术并不是一蹴而就的，而是千百年来世世代代工匠智慧与经验的累积。那么，早在六七百年前，工匠们是在哪里、用什么材料来造出郑和下西洋时就乘坐可以容纳千人的大宝船呢？答案就藏在南京的一处遗址里。

　　位于今天江苏省南京市鼓楼区的三汊河河口，长江与秦淮河的交汇处，数百年来潮打空城，静静地守护着一座明代皇家造船厂遗址——龙江船厂。它是中国海上丝绸之路的重要遗产，是明朝初年蜚声中外的远洋外交事件——郑和下西洋的历史见证者，更是古代中国向海而生、向海而兴的最佳证明。

文物名牌

名字：龙江船厂遗址

年代：明朝初年（14世纪末至15世纪初）

地址：南京城西三汊河附近

标签：中国古代造船业的见证者

全国重点文物保护单位

龙江船厂遗址

中华人民共和国国务院
二〇〇六年五月二十五日公布
南京市人民政府立

龙江船厂遗址

龙江船厂又称"龙江宝船厂"，是15世纪时世界上最大的皇家造船厂，因地处当时的龙江关（今南京市下关）附近而得名。它西接长江，东邻秦淮河，在明朝初年南京城的西北角。

明朝的工匠们为什么要选在这里建造船厂和宝

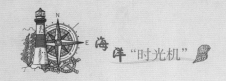
船呢？

　　因为那时建造的海船主要以木结构为主，中间多用铁钉固定，木结构的船禁不起大力拉拽，所以只能在靠江的地方建造。建造时，先关闭船坞与长江之间的闸门，在干燥的船坞里造好宝船后，再等涨潮时开闸放水，这样造好的宝船就能顺江漂出，最终进入大海，而不需要费力拖拽。

龙江船厂的郑和宝船模型

　　龙江船厂的船坞宽约 70 米，长约 500 米，一座船坞的面积相当于 5 个标准足球场的大小。而像这样规模的船坞，一共有 7 座。推算下来，整个造船厂的面积接近 25 万平方米！如此巨大的船坞是如何建造出来的呢？有人说，当时的工匠们借助了天然的河道。然而，考古工作者很快否定了这一说法。因为，即使大自然有鬼斧神工，也不可能"开凿"出 7 条整齐划一的河道供人类建造船坞，所以这一定是人工所为。但是，如果是人建造的，那船坞两侧的堤岸应当有砖、石筑成的护坡，以避免坍塌。可奇怪的是，考古人员寻遍了所有船坞的内侧堤岸，都没有发现一块人工铺设的护坡。顺着堤岸打下 32 个探方后，考

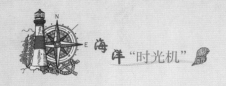

古人员终于在堤岸下面的黄土层与细沙层中找到了谜底。原来，明朝的工匠们先在河漫滩上划出塘口方位，然后靠人力向下挖 4 米，形成塘口。挖出来的淤泥和细沙沿着塘口两侧均匀堆放，再从别处运来干净的黄土，继续堆积加高，一边堆积一边夯打，从而在塘口两侧形成堤岸。因为黄土层黏性较大，不易透水，所以堤岸异常坚固，虽然没有砖石护坡，又在水中浸泡了 600 多年，这些船坞依然保持着初建时的面貌。这种独一无二的建造方法，在中国其他地区均未发现，这让人不得不钦佩当时工匠们的智慧。

龙江船厂的船坞如此巨大，在船坞中造出来的船只的大小自然也非同一般。考古学者根据船坞的长宽推测，这里建造的海船最大的长可达 44.4 丈（约147 米）、宽可达 18 丈（约 60 米），高 4 层，可容纳近千人，是当时世界上最大的木帆船，简直是那个时代的航空母舰。

这么庞大的船只，是用什么材料建造的呢？在龙江船厂遗址内，考古人员发现了樟木等造船用的木料，长 10 米多的方形无孔木材，残长 2 米多的绞关木，2.65 米长的四爪大铜锚、大铁锚，以及石臼、油石灰。这些船只构件，即使在今天看来也是庞然大物，它们无声地向我们讲述着当年工匠们是如何创造出造船史上的奇迹的。

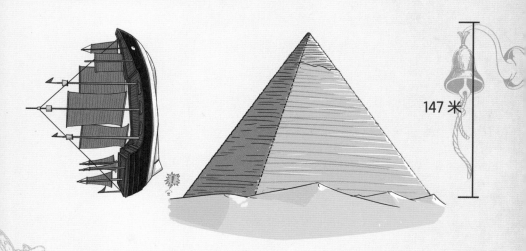

宝船厂建造的最大的海船相当于胡夫金字塔的高度

在这些文物中，最引人注目的当属两根长 10 米多的巨型舵杆。出土时，它们分别横卧在六作塘东部和中部的墩台遗址上。所谓"六作塘"，顾名思义，就是第六座船坞。舵杆是控制船只航行方向的关键部件。这两根舵杆保存完整，通体黝黑，方头扁尾。表面没有油漆的痕迹，木质纹理清晰。这说明这两根舵杆在没有油漆保护的情况下，历经 600 多年依

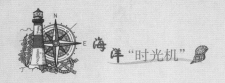

然基本保持原貌，没有遭受虫蛀和水土侵蚀。

究竟是怎样的木料，能在没有任何保护措施的情况下，历经600多年的漫长岁月依然"青春常驻"？有专家认为，这种木料就是文献记载的郑和造船所用的"铁梨木"。但取样分析的结果却出乎意料——它们其实是杉木，而这种杉木是中国古代南方造船时最常用的材料。其余部件所用的木材则是产于东南亚热带地区的优质木材，经长途运输到达龙江船厂进行加工的，可见当年明朝为了造船付出了多少人力物力！

讲到这里，相信聪明的你已经猜到龙江船厂建造宝船的目的了。没错，它们被建造出来，就是为了帮助郑和完成七下西洋的壮举。

自唐宋以来，随着航海事业的发展和海外贸易的增多，中国的造船技术愈加发达。明朝初年，明太祖朱元璋十分重视造船和发展航运。为了准备造船用的桐油、棕缆等原材料，朱元璋特地在钟山周边开辟了漆园、桐园等园圃，植树数万株，还建造了龙江船厂，征调各地工匠四百余户来到南京，广造海船。永乐初年，明成祖朱棣为了进一步加强同

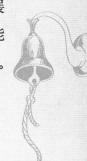

海外各国的联系，下令组建规模庞大的船队，派遣大批使者出使海外。郑和受命下西洋也自此开始。

今天，在龙江船厂遗址的基础上，南京宝船厂遗址公园已经建成。它是对郑和下西洋的纪念，展示着郑和下西洋的事迹与龙江船厂的历史，我们能从中看到中华民族传承不息的劳动智慧与开拓精神。读到最后，你是否也想到这座主题公园去看一看，感受一下那个波澜壮阔的大航海时代的气息呢？

 知识小卡片

郑和船队

郑和下西洋时率领的庞大船队，有宝船、战座船、战船、兵船、马船、粮船、水船等共208艘，船员27800多人。这些远渡重洋的海船，除了少数在福建建造外，大多数都是在龙江船厂建造的，尤其是那种4层楼高的旗舰，只有龙江船厂才有能力建造。这既显示了明朝初期中国发达的造船技术和劳动者的无限智慧，也充分反映了龙江船厂强大的造船能力。

九日山祈风石刻
风与海的浪漫情怀

倘若你生活在中国沿海的福建一带，对"妈祖"一定不会感到陌生。她是中国东南沿海地区重要的民间信俗，同时也是广大海外华侨华人共同的信俗，影响极为广泛。正所谓"有海水处就有华人，有华人处就有妈祖"。

妈祖信俗的兴起，与宋元时期频繁的航海活动密切相关。出海航行，"一帆风顺"是所有海上活动者心底最诚挚的期盼。于是，人们便把平安出航、

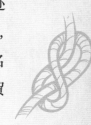

顺利返航的愿望寄托在妈祖身上，融汇于信仰之中。

除了妈祖的诞生地——莆田湄洲湾矗立的妈祖雕像及遍布沿海地区的大小妈祖庙，还有一处遗迹与妈祖信俗有关。在2021年第44届世界遗产大会上，它和泉州的其他几处遗迹一同组成世界文化遗产名录的新成员——"泉州：宋元中国的世界海洋商贸中心"。

文物名牌

名字：九日山祈风石刻
年代：北宋末年（12世纪初）
地址：泉州市城郊九日山
标签：宋元时期繁华泉州
　　　港的见证者

九日山祈风石刻

它就是伫立于泉州城郊九日山上的祈风石刻。九日山位于泉州古城西北的晋江上游，是清源山的

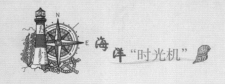
支脉。晋江上游是泉州较早开发的地区之一，也是宋元时期泉州城郊外繁华的风景胜地。

祈风活动和航海之间有什么关系呢？当时的人们为什么要在九日山上祈风，并在巨石崖壁上刻下这些文字呢？这些文字又记录了什么内容呢？

在古代，船只出海和回航都需要顺应季风规律。泉州冬季盛行偏北风，船舶要从泉州湾出海，夏季盛行偏南风，船舶则从南部海域回航。因此，每年农历四月和十月，当地的老百姓便会在九日山下的昭惠庙向海神祈求风信顺利，船只航行平安，这就是泉州古老的祈风传统。风与海是航海者眼中形影不离的孪生兄弟，只有顺风顺水，出航归航才能平安无事。到了宋代，由于海外贸易对国家财政有巨大贡献，朝廷极为重视海外贸易的发展，便在泉州这一重要的港口设立了管理海上对外贸易的机构——市舶司，而市舶司的职能之一就是主持祈风和祭海仪式。你瞧，早在宋代，泉州的祈风仪式就已经从民间活动演变为盛大的官方祭典了，可见它的意义多么重大呀！

据记载，宋元时期泉州的祈风仪式是非常隆重的官方祭典。在每年的固定日子，泉州太守都要率领部属来到九日山前设祭坛，陈列羊、猪、酒等供品，向神明敬香，奏响迎神的乐曲，再由当时的海关关长——提举市舶司或太

九日山下的石碑

守宣读《祈风文》，祈求船只航行一帆风顺。仪式完成后，参与者会乘兴登上九日山欣赏美景，并将祈风的经过整理成诗文，镌刻于山中岩壁上，这就是九日山祈风石刻的由来。

　　而将举办祈风仪式的地点选在九日山，与泉州湾及晋江水域历史上的海岸线有直接关系。公元 3 世纪以前，闽南地区的海岸线与我们今天看到的大不相同，九日山的所在处是当时晋江流入泉州湾后江面最窄的位置。晋江两岸，九日山、金鸡山如门

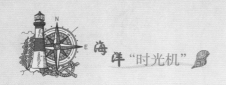

神般相对而立。特别是九日山下的区域，不但背山面水，而且靠近海岸，交通便利，对泉州先民来说是最适合定居的地方。于是，他们在此繁衍生息，九日山随之成为泉州城的重要发祥地，古老的祈风传统自然也就在这座山上诞生了。

九日山

据说，九日山"山中无石不刻字"。那么，九日山上到底有多少石刻？这些石刻都记录了什么内容？据统计，九日山上现存宋代以来的石刻78方。其中，涉及宋代祈风仪式的石刻有10方，其余的大多是历代文人墨客在此游览后的题名、游记、诗文等。

　　涉及宋代祈风仪式的10方石刻是九日山石刻中最重要的部分，它们分布在九日山东、西两峰的崖壁上，统称为"祈风石刻"。祈风石刻一般会记录祈风的时间、地点、人物和仪式结束后的活动。这10方祈风石刻一共记录了11次祈风活动。其中，多数祈风活动由泉州地方政府的主官主持，参与者不仅有市舶司的管理人员，还有宋朝皇族成员与军政要员。可见当时宋朝廷非常重视泉州的航海活动。1988年，九日山祈风石刻正式成为全国重点文物保护单位，至今一直受到地方政府的严格保护和管理。

　　在千百年的光阴中，海风抚摸过泉州城的一草一木，海浪拍打过泉州湾岸边的每一处礁石。九日山祈风石刻静静地注视着这一切，苍劲的字迹仍清晰可辨，不仅在向我们讲述宋元时期波澜壮阔的航海活动，亦在无声地传递着风与海的浪漫情怀。

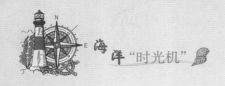

知识小卡片

中国最大的摩崖石刻

摩崖泛指人们在天然的石壁上摩刻的所有内容，包括文字石刻、石刻造像和岩画等。那么，你知道中国最大的摩崖石刻在哪里吗？它位于四川省乐山市岷江东岸的凌云寺旁，名叫乐山大佛，又名凌云大佛。乐山大佛的本尊是弥勒佛，它面容慈祥，安坐于崖壁之中。佛像通高71米，开凿于唐开元元年（713年），完成于唐贞元十九年（803年），历时近90年才完工。这尊中国最大的摩崖石刻造像和凌云山等景点共同组成了世界文化与自然双重遗产——"峨眉山—乐山大佛"。

泉州市舶司遗址

宋朝人出海前要办理什么手续?

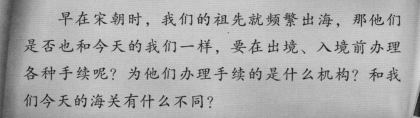

早在宋朝时，我们的祖先就频繁出海，那他们是否也和今天的我们一样，要在出境、入境前办理各种手续呢？为他们办理手续的是什么机构？和我们今天的海关有什么不同？

今天，中国与世界的联系比以往任何时候都要紧密，出国留学、环球旅行、远洋贸易……无数的跨国交流活动出现在我们的生活中，而提到这些活

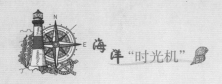

动，就一定绕不开一个重要的地方——海关。海关是做什么的呢？简而言之，海关是一个管理一切进出口活动的官方机构。我们出入一个国家时，首先要面对的，一定是这个国家的海关。它们通常矗立在各国的空港口岸，每天要悉数办理人和货物的出入手续，既让符合规定的人们畅通无阻地通关，也将不合规的人或物阻拦在国门之外。可以说，海关就是一个国家的"守门人"。

文物名牌

名字：泉州市舶司遗址
年代：北宋元祐二年（1087）
地址：泉州古城镇南门外
标签：宋朝的海关总署

泉州市舶司遗址（一）

在泉州古城罗城的镇南门外、翼城的南熏门内，沉睡着一座古老机构的遗址——市舶司。市舶司是中国于唐、宋、元及明初等时期在各海港设立的管理海上对外贸易的官方机构，相当于今天的海关。市舶司的前身，是唐朝中期以后在广州设立的"市舶使"。到了宋元时期，由于海上贸易发达，"市舶司"便作为固定的官方机构出现了。明朝中期以后，由于海禁政策的影响，各个港口的市舶司逐渐撤销，至清朝完全绝迹。可以说，市舶司的发展是与古代中国海上贸易的兴衰息息相关的。

泉州市舶司是宋元朝廷设置在泉州管理海洋贸易事务的行政机构。它的设置标志着泉州正式成为开放的国家对外贸易口岸，对宋元时期泉州的经济繁荣与文化交流都有着重要意义。

那么，作为国家钦定的对外贸易管理机构，市舶司主要担负哪些职责呢？

现在，请你将自己想象成一位生活在宋元时期泉州城的商人，主要依靠海上贸易获取财富，在推测未来几日都是风和日丽的好天气后，你决定开启一次远洋贸易，期望获取丰厚的利润。在出海前，你需要到泉州市舶司详细申报随行人员、船上的货物和要去的

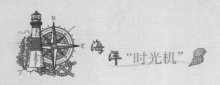
地方。在审查通过后，你会获得市舶司发放的公凭，也就是你的"出海许可证"——未经许可就擅自出海贸易可是违法的噢！

在你出海前，市舶司的工作人员还会专门到你的船上进行检查，防止你私带违禁物品或者逃逸人员出海。获得许可后，你就可以安心出海了。在经过一场获利颇丰的海上贸易后，你和你的货船满载而归，抵达泉州。别急，这会儿你还不能随意下船。等候在岸边的市舶司官员会对你的船舶进行"阅实"，即根据你出海前申报的情况核对人员、货物等，完成登记。

同时，他们还会将你带回来的货物分成珍贵品（"细色"）和一般货物（"粗色"），并按比例从中抽取若干份，作为关税。在确保你带回的货物中没有违禁品之后，你又将得到一份公凭。它是你销售剩余货物的许可证，没有这份公凭，你是无法将自己带回的奇珍异宝进行售卖的。从头到尾这些手续的办理，构成了市舶司对海外贸易管理的全过程。怎么样，它和今

泉州市舶司遗址（二）

海洋"时光机"

天的海关是不是拥有很多相同的职能呢？你是否也想到泉州去亲眼看看这座宋代海关的遗址呢？

知识小卡片

和宋朝有海外贸易往来的国家

宋朝时期中国的海外贸易盛况空前。当时，同宋朝有贸易往来的国家，遍及东南亚、南亚、西亚和东北亚地区。在海外贸易最为发达的南宋时期，与中国通商的国家超过50个，其中与中国关系较为密切的有大食（泛指今阿拉伯地区）、阇婆（今印度尼西亚爪哇岛）、三佛齐（今印度尼西亚苏门答腊岛）、占城（今越南）、天竺（今印度半岛）和日本。

江口码头遗址

宋元与世界的 "交会点"

　　在你眼中，码头是一个什么样的地方？是永远繁忙的货物集散地，是人声鼎沸的贸易中心，还是船只出发的起锚处和归航的停靠点？说起码头，你的脑海里是不是浮现出温暖的阳光、柔和的海风、拍岸的海浪、悠长的汽笛声、撒网的捕鱼船、挥汗如雨的水手……然而，除此之外，你是否知道小小的码头也是各国与世界的 "交会点"， 海上往来船只的十字路口？不信的话，一起到泉州城外的码头看一看吧！

泉州是一座滨海城市，有绵延曲折的海岸线，泉州湾是天然的深水良港。同时，因为开口也很大，泉州湾便于船只由外海进入湾内停泊。因此，自宋元以来，朝廷就在泉州湾陆续建设了一系列码头，供过往船只停靠，江口码头便是其中之一。

文物名牌
名字：江口码头遗址
年代：北宋初年（10世纪
　　　下半叶至11世纪初）
地址：泉州东南晋江下游
　　　法石港内
标签：泉州国际贸易港

全国重点文物保护单位
泉州港古建筑
——江口码头

江口码头石碑

　　宋元时的江口码头是什么样子？它又如何成为泉州与世界连接的纽带呢？现在，让我们搭乘时光机，穿越回南宋时期的泉州城，当一回泉州市舶司的官员，去看看江口码头的盛况吧！

　　初春时节的某日清晨，天微微亮，你作为泉州市舶司刚上任的一名"公务员"到市舶司"报到上班"后，便被长官分派了巡视江口码头的任务。你接到任务后，便快马加鞭地出了城，来到晋江下游的北岸。首先映入眼帘的是香火旺盛的真武庙，这是从泉州出海的人们祈求航程平安的地方。不远处背山面江的高地，便是你今日的目的地——法石港。虽然天才刚刚亮，但那里已是热闹非凡。

　　这时，初来乍到的你开始疑惑，不是说要巡视江口码头吗？怎么来到了法石港？恰在此时，一个渔民装扮的小女孩从你身旁走过，你连忙询问她江口码头的位置。她上下打量着你，面带疑惑地说道：

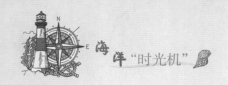

"您要找的是文兴码头和美山码头吧？它们都在法石港内呢！我家就在附近的蟳埔村，欢迎您来做客呀！"她说完，便一蹦一跳地离开了。你这时才恍然大悟，原来所谓的"江口码头"，其实是由文兴码头和美山码头组成的。因为这两座码头都在晋江口，所以统称为"江口码头"。

江口码头遗址

你准备策马进入法石港时，却见港内百货山积，帆樯如林，人来人往，你只好下马步行。一路走下来，你才发现，法石港内其实有文兴、美山、圣殿、厂口和富美等十多个码头，它们都是泉州出海口的转运基地，四面八方的商品在此汇聚流通，五湖四海的人们也在此相聚交易，难怪如此热闹！站在港内，远远地还能望见与大海相连的法石寨，那里时不时传来士兵操练的声响。这是泉州太守设立的水军，专门负责保障出行船只的安全，维护海上贸易的交通线路。

于是，在法石港内，你正式开始了今天的巡视任务。太阳缓缓升空，海面波光粼粼，相映成趣。通过询问港内的水手，你得知文兴码头在上游，美山码头在下游，你便决定先从文兴码头开始巡视。

走进文兴码头，你发现整座码头几乎都由花岗岩构筑而成，看起来十分牢固。因为这里水浅，停泊的都是小船。船只虽小，码头的喧闹却不减分毫，毕竟它是晋江沿岸最为繁华的集群商业码头之一。在这里，还能看到一群肤色各异的人聚在一起做生意，你能辨认出的外国人就有阿拉伯人、拜占庭人、

日本人和占城（今越南）人……他们虽然来自不同的地方，却都遵循着相同的规则进行贸易。他们的船只就停靠在岸边。你站在镇风塔下将这些船只仔细检查一番，并未发现有走私违禁物品等行为，便打算离开。临走时，几个眼尖的船长注意到了你，小步跑来向你请求，希望官府能好好保护眼前的这座镇风宝塔，因为他们认为这座塔蕴含神力，不仅能指引泉州附近船舶的航向，还能保佑来往船只航行平安。你点点头，把他们的话默默记在了心里。

离开文兴码头，你很快就到达位于晋江下游的美山码头。比起文兴码头，美山码头的水深得多，因此码头建成较陡的墩台式结构，以便吃水较深的大船在涨潮时停靠。这里的船只装载的多是大宗商品——木材、棉花、大米……你在检查货船时，船户们正忙着一袋袋、一箱箱地装运货物呢。正是这往流不息的货物保障了黎民百姓的日常生活。

美山码头除了是大宗货物的交接处，还是极其重要的造船基地。身负巡查重任的你，自然也要去附近的几处造船场所巡视一番。不看不知道，一看吓一跳——泉州的造船业竟如此发达！每一座造船厂里，钉锤敲打木板的声音此起彼伏，巨大的商船船桅重重叠叠。一个工匠自豪地和你说，他造的桅杆数量比家里用过的筷子还多！你看着周围的景象，心想他大概不是在吹牛。

巡查完造船厂，已是日落时分。夕阳西下，在回城的路上，你忽然听到一阵清脆的笑声，抬头看去，一群正值豆蔻年华的姑娘正向你走来。她们的发髻上戴着鲜花围成的花环，穿着和你清晨时遇到的那个小女孩如出一辙。她们就是大名鼎鼎的蟳埔

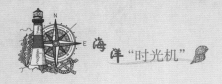

女，住在泉州城东面最靠海的蟳埔村。住在这里的村民们一直靠打渔和航海为生，是泉州城外一道亮丽的风景线。她们见你身着官服，又是个新面孔，便猜到你是新派来巡视码头的官员，便邀请你去村里做客，但你因有任务在身，无法去村里拜访，便和她们说明情况，并说道有空一定去看望蟳埔村的村民。谁知，她们摆了摆手，一边往你手里塞了几枝花，一边笑着说："我们和这些码头一样，一直都在这里呢！"

等你反应过来时，她们已经不见了，只剩下手里芬芳的花朵，证明她们来过。这些花清香袅袅，你仔细辨认，发现有一两枝是素馨花，其余的都是茉莉花——这些花都是阿拉伯商人在周围种下的，现在逐渐繁衍开来。

从香气中醒过神来，你又回到了现代。回想着刚才的经历，满心疑惑的你查阅资料后，惊喜地发现，江口码头（文兴码头和美山码头）直到20世纪90年代还在晋江沿江水域的航运中发挥着转运作用。2005年，江口码头被列为泉州市级文物保护单位，又在次年升格为全国重点文物保护单位，受到

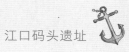

了妥善的保护与管理。大大小小的码头和蔚蓝的海水历经千年的时光，将中国和世界始终紧密相连在一起，不仅在宋元时代，更在当下的每时每刻。

 知识小卡片

文兴码头上的"镇风塔"

文兴码头上伫立着一座雕凿于宋代的佛塔——宝箧印经塔。这种形制的印经塔于 11 世纪前后在中国东南沿海地区大量出现。在佛教中，它多用于供奉经文和祭祀佛陀。因此，文兴码头上的这座塔是当地人出海、返航时祭祀的场所，是商人、船员祈祷行船平安的精神寄托，人们相信它有"镇风"的作用，故而也把它叫作"镇风塔"。除此之外，建于码头之上的它还是指引船只航行的"航标塔"，具有引导船只的独特功能。

5

"南海一号"遗址
埋藏在深海的秘密

　　相信你对《阿里巴巴与四十大盗》这则寓言故事一定不会感到陌生。故事中的主人公阿里巴巴机智勇敢，最终凭借勇气和智慧获得了藏在山洞中的金银财宝。在你听着一声声"芝麻开门"，幻想着去寻找山洞里隐藏的宝物时，是否想过，在这广袤无垠的大海深处，也沉睡着无数不为人知的宝藏，而它们都在哪里呢？要回答这个问题，就必须先请出我们今天的主角——"南海一号"沉船。

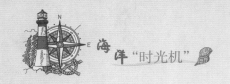
　　"南海一号"是一艘在中国南海沉没的古沉船。据考古发现，这是一艘南宋初期沿着海上丝绸之路航线向国外运送瓷器而失事沉没的木质商船。说到这里，我们不禁要问：在800多年后的今天，这艘葬身海底的沉船是如何被人发现的呢？它隐藏着多少重要的信息？

文物名牌

名字："南海一号"遗址

年代：南宋初年（12世纪上半叶）

地址：广东阳江海域

标签：沉睡在海府的宝藏

"南海一号"出水文物

　　"南海一号"于1987年8月在广东省阳江海域被人们发现。当时，当地机构正与英国海上探险和救捞公司在该海域寻找东印度公司的沉船，却歪打正着发现了它，并率先打捞出一批十分珍贵的文物。此后，考古工作者们历经30多年的努力，终于完成了它的打捞工作，并进行了十分深入的发掘。

"南海一号"的身份证

年代：南宋初期
材质与类型：木质商船
船身原始长度：41.8 米
船身原始宽度：11 米
船身原始高度（不算桅杆）：4 米
设计水线长 32.3 米
设计排水量：约 828 吨
设计载重：约 425 吨

　　我们都知道，"南海一号"是沉船，位于深不可测的海底，要对这样的沉船开展水下考古工作，可不是一件容易的事。这不仅要求考古队员要有专业的考古知识、过硬的技术和丰富的发掘经验，还得具备优秀的潜水技能。所以，想在深不可测的海底完成一艘巨大沉船的发掘工作几乎是不可能的事。面对困难，考古人员产生了一个大胆的想法：

既然无法在水下直接考古，那干脆先把这艘船打捞上来！

　　虽然打捞沉船在现代的技术条件下并非什么新鲜事，可"南海一号"不同于一般的沉船，它本身就是极其珍贵的文物遗迹，舱内还藏着无数不为人知的宝贝，打捞过程中出现任何闪失都会成为中国考古历史上的巨大遗憾。所以，考古工作者们在经过昼夜奋战、仔细研究之后，决定采用史无前例的"整体打捞"方案：将沉船、文物与周围海水、泥沙保持原状，一起吊浮起运，然后迁移到广东海上丝绸之路博物馆的"水晶宫"里，放入一个巨型的玻璃缸中，这样可以一边进行考古发掘，一边开放展览。

　　探测结果显示，"南海一号"沉船掩埋在海底1米深的淤泥中，是连带海底凝结物重达3000吨的庞然大物。因此，要想将它完好无损地打捞上来，

需要两艘万吨级的打捞船、一个特制的沉箱和极其高超的打捞技术。

"南海一号"所在的水晶宫

所幸，在各方人员的共同努力下，2007 年 12 月 21 日，"南海一号"古沉船成功起吊。同年 12 月 28 日下午 3 点，"南海一号"的整体打捞工作宣

告完成，它被正式移入已经建成的"水晶宫"中。它的成功打捞，不仅是中国水下考古事业从无到有，以至领先全球的见证，更是世界水下考古历史上前所未有的壮举。

在"南海一号"被成功打捞上岸后，对这艘沉船的考古研究工作也随之紧锣密鼓地开始了。截至2019年，考古人员已基本弄清了"南海一号"的残存状况与原始规模，还从沉船中发掘出18万余件文物精品，以瓷器和铁器为主，另有大量的钱币、金银铜锡器、竹木漆器及动植物遗存，几乎是一座小型的博物馆。其中，船舱内有超过6万件层层叠叠、密密麻麻的南宋瓷器——这种层层堆叠的堆放方式方便船只在远洋贸易过程中携带更多货物，以获取更多的利润。经专家识别，这些瓷器主要来自江西景德镇、浙江龙泉、福建德化、福建闽清和福建磁灶等地。

其实，作为南宋时期的远洋贸易商船，"南海一号"上应该还装载有大量的丝绸和纸张。只可惜，由于它在海中沉睡了太长时间，这些有机质文物已经腐烂消失了。

　　“南海一号”是中国迄今为止发现的文物储存最多、保存最完好的远洋贸易商船，是复原海上丝绸之路历史极佳的实物资料。那么是谁能够在当时拥有“南海一号”这样巨大的商船，它又为何葬身海底呢？

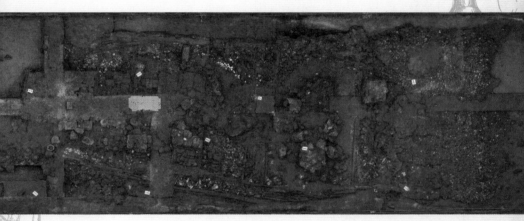

“南海一号”遗址

　　由于时间久远，我们已无法考证“南海一号”船主的具体身份，但仍能从这艘沉船中出水的金腰带、金手镯、金项链和金戒指等黄金首饰窥见船主身份的蛛丝马迹。这些黄金饰品不仅没有生锈，还十分粗大。例如，考古人员在船中发现的金腰带，全长竟有 1.8 米！由此可以猜测，佩戴这些黄金首饰的船

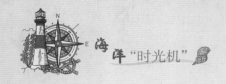

主非常富裕，而且身材魁梧，很可能是一位从事跨国远洋贸易的富商。

至于"南海一号"沉没的原因，据专家推测，可能是船只在出海不久就遭遇了罕见的风暴。"南海一号"失事的海域位于广东省阳江市大澳村附近。明清时期，当地的大澳古港因地理位置便利、自然条件优越，成为海上贸易的重要港口。按理说，这种天然形成的良港，不是风暴频发的地方，所以"南海一号"失事沉没的原因，恐怕只能归结于突发的海上风暴。

从"南海一号"中发现的贵重饰品来看，船只失事时，船上人员并未能及时逃生，最终和整艘巨船一起葬身大海。800多年后的今天，我们有幸能通过先进的技术，对这艘古老商船进行打捞和考古研究，从而发现深藏于海底的秘密，窥见南宋时期海上丝绸之路的繁荣景象。然而，我们或许更应该意识到，每一艘为我们带来惊喜的巨船和船上的宝贝，背后都是一次失败且惨痛的航行。但即便如此，古往今来的航海者依旧义无反顾、前仆后继地奔忙在蔚蓝的大海之上。他们开拓的不仅是一条条惠泽今日的航线，更是人类依靠勇气与智慧前行进步的伟大道路！

 知识小卡片

"南海一号"在海中"千年不腐"的谜底

为何"南海一号"能够长存水下800多年而不腐？这主要有两个方面的原因。一是"南海一号"沉没的水下环境中氧气浓度极低。可以推测，在沉没后的短时间内，船只周围很快附着了大量淤泥，从而使船体与外界隔绝，避免了氧化破坏。有关人员在对沉船周围淤泥的研究中发现，淤泥内有很多生物，但都没有存活下来的，这说明船体周围是一个厌氧状况非常好的环境。二是"南海一号"所使用的材质是松木。广东民间常有"水泡千年松，风吹万年杉"的说法，这表明松木是抗浸泡性比较好的造船材料，也是"南海一号"沉水不腐的重要原因。

西班牙银圆

明清时期的"外汇"

　　过去，古人也许要用数月的时间在海上漂泊，才能到达其他国度。如今，我们只需要乘坐几个小时的飞机，即可前往其他国家体会不一样的文化与风情。如果你不想出远门，也可以通过互联网，在网上购买来自其他国家的物品。但无论是出国购物，还是通过网络购物，都离不开一样非常重要的东西——外汇。

什么是外汇呢？从广义上说，外汇是指"一个国家所拥有的一切以外币表示的资产"。通俗一点儿讲，你在银行用人民币兑换的某种外国货币，就是外汇的一种。那么，古时候的中国人和外国人做买卖,是使用何种货币进行交易呢？要想解开疑惑,就先跟随时光机穿越到 1492 年吧！

文物名牌

名字：西班牙银圆

年代：15 世纪末

地址：上海博物馆

标签：明清时期的外汇

西班牙银圆

1492 年，哥伦布发现美洲大陆。在这片神秘的土地上，人们发现了丰富的白银矿产。很快，这里就成为世界上最大的产银地。于是，西班牙殖民者

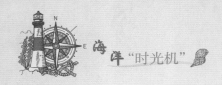
利用在新大陆发现的白银矿产，在墨西哥建造了世界上第一家铸币厂。为了提高产量，新的炼银技术也随之传入美洲，这使西属美洲生产出大量高纯度的银，铸币厂随之陆续建立，闻名于世的西班牙银圆就此诞生。随着机器制币时代的来临，西班牙银圆更是源源不断地被生产出来。

那时候的人们，看见如此多的银圆，也会产生疑问："美洲生产出的西班牙银圆最终流向了何方？"其实，这些货币通过多条贸易途径流到世界各地。它们首先进入欧洲商人的口袋，并在东亚地区被用于购买丝绸、香料、茶叶、纺织品等特产。此后，随着欧美国家与东方的贸易日益频繁，西班牙银圆便在欧美及东南亚诸国得到广泛使用，最

终成为流通全球近 300 年的"世界货币"。

今天的中国作为外汇储备大国，储备的外国货币量不容小视。自明代起，中国实行银本位制度，将白银作为主要货币。从此，银的需求量不断增加，但国内银矿的产量却远远满足不了市场的需求。在当时的对外贸易中，我们用西方人喜爱的商品去兑换大量白银，大量西班牙银圆就此流入中国。到了清代，在中国流通的银圆中，本土开采的银圆只占总量的十分之三，其余均来自海外贸易。同时，也正因为西班牙银圆在中国的普遍使用以及大量储备，中国近代历史上的第一个不平等条约——《南京条约》要求的赔款就是以"洋银"作为基本折算单位，这里的"洋银"即西班牙银圆。

总之，这枚小小的银币曾搭建起中西方商贸往来的桥梁，直接或间接地增进了中国同其他国家的联系，也对中国自制银圆的铸造产生了重要影响。

知识小卡片

西班牙银圆与墨西哥银圆的交替

西班牙银圆在中国俗称"本洋",始铸于菲利普二世时期(1556—1598)。最早流入中国的西班牙银圆是形制不规则的打制银块,但重量和成色适当。西班牙银圆在乾隆后期成为中国沿海地区的主要流通银圆,道光咸丰年间作为正统银圆流行于市,中国传统的银两在外来银圆面前处于劣势。

墨西哥银圆在中国俗称"鹰洋"。它是墨西哥1821年独立后使用的新铸币,始铸于1823年。墨西哥独立后,西班牙银圆从19世纪20年代开始便陆续停止铸造,加上鸦片贸易中西班牙银圆外流等多种原因,西班牙银圆在清代中期以后逐渐被墨西哥银圆所取代。墨西哥银圆逐渐成为清后期至民国时期中国市场上的通行银圆,流通范围极广。

五彩龙纹罗盘航海图瓷盘

繁荣丝路的见证者

　　当我们走进寻常百姓家，便能看到诸如瓷碗、瓷杯和瓷盘等各式各样的瓷器，也能看到瓷花瓶、瓷佛像等装饰品。可以说，瓷器是中国人民日常生活中不可或缺的用品，也是中国最负盛名的象征。其实，外国友人也对中国生产的瓷器情有独钟，甚至一度达到"狂热"的地步。他们曾大量从中国购入瓷器，以彰显自己的巨额财富与高雅品位，一些西洋画家也将中国的瓷器画入他们的画作中，形成了独特的绘画风格。就连"中国"的英文单词也与"瓷器"的英文单词一样，可见诞生于中国的精美瓷器在国外的影响力有多么巨大！

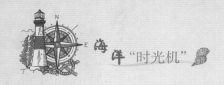

　　但在古代，这些易碎的中国瓷器是如何漂洋过海，到达异国他乡的呢？中国陶瓷的对外销售大约始于唐代，最初只是作为特产，随丝绸一同输往国外。随着航海业及对外贸易的发展，宋代以后，中国陶瓷的外销事业逐渐繁荣，成为主要的出口商品，运载大量瓷器的商船从东南沿海的各个港口出发，浩浩荡荡、源源不断地运往世界各地。

漳州窑五彩龙纹
罗盘航海图瓷盘

　　我们今天的主角，就是一个见证了明朝中期海外贸易盛况的瓷盘——漳州博物馆收藏的明漳州窑五彩龙纹罗盘航海图瓷盘。看着它精美的纹饰，我们仿佛穿越了时光，目睹了当时福建漳州沿海繁荣的海外贸易景象。

现在，跟我一同穿越回明朝中期，去体验一下该瓷盘的制作过程吧！

你现在是漳州地区的一名制瓷工匠，你的工作地点是位于漳州九龙江沿岸的一座窑场。这座窑场临近月港，交通便利，易于运出。得益于优越的地理位置，经常会有各路海商来窑场采购瓷器。你正在窑场里辛勤工作，忙着制作商人们预订的瓷器。但是这次的订单有些不同寻常，来下单的海商突发奇想，要你烧造出具有航海风情的瓷盘，这让你有些犯难。

怎么样才能设计出具有航海风情的瓷盘呢？你已经在工作桌前冥思半晌，正疲惫地抬起头向远处张望，那里是月港，无数商船在此进出，从早到晚热闹非凡……为什么不干脆把航行用的罗盘画在盘子上呢？你的创作灵感突然迸发出来了！

于是，你手握画笔，想象着自己跟随商队出海

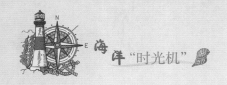

航行的画面，在施了底釉和高温烧制的瓷盘正中央绘制了一个二十四向位的罗盘，标记了东、南、西、北、东南、西南、西北、东北八个基本方位——这个图案你经常在水手的航海图中见

瓷盘内的罗盘图

到。他们告诉你，这是用来指明方位的东西，出海航行的人全靠它才分得清方向！在罗盘四周，你画上了许多星宿，希望以此来传达舵手靠星星指明方向的概念。

画笔落在罗盘正下方，你又添上一艘似乎在海上航行的大帆船，帆船双桅双杆，尾部旗帜竖立——它是你不久前在港口附近看到的"福船"的模样，这是福建造船工人智慧的结晶。此外，你还借鉴以前看过的"过洋牵星图"，将星宿与海船完美组合在一起。

所谓"过洋牵星图"，就是明朝人的"天文导航图"。在海上航行的过程中，船员只需利用牵星板观测天体的高度，即可推算出目前的航向与位置。

最后，出于对大海的想象，你将前人在书籍中描绘的海中巨鱼画在瓷盘中，希望这只具有神力的海中神兽，可以保护船只一帆风顺。当这些纹饰都绘制完成后，你便将这只瓷盘与其他的瓷器一起放入窑中进行第二次烧造。

烧制完成后不久，下单的海商就来到窑场付款，提走了这批货物。他对你的作品大加赞赏，并表示下回要指定你来接收他的订单。海商招呼工人们将这批瓷器仔细地打包好，整齐地放入船舱底部——由于航行至外海的帆船随时可能因遇到风浪而侧翻，因而重量十足的瓷器是最理想的压舱物品。于是，这些由你和其他制瓷工匠们烧制的精美瓷器，便会伴随商船劈波斩浪前往未知的国度，去展示独属于东方文化的魅力。

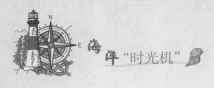

知识小卡片

罗盘与指南针

　　罗盘,又叫罗经仪,原是用于探测风水的工具。罗盘主要由位于盘中央的磁针和一系列同心圆圈组成,每一个圆圈都代表中国古人对宇宙大系统中某一个层次信息的理解。

　　指南针又称指北针,主要组成部分是一根装在轴上的磁针,磁针在天然磁场的作用下可以自由转动并保持在磁子午线的切线方向上,磁针的北极指向地理的北极,利用这一性能可以辨别方向。因此指南针常被用于航海、大地测量、旅行及军事活动中。

波斯孔雀蓝釉陶瓶
来自西域的珍宝

如今，我们在生活中会接触各式各样的瓶子，比如，通体透明的玻璃瓶，布满"文身"的纪念瓶，还有自带吸管的保温瓶……这些瓶子有的是用于饮水，有的只是作为艺术品，有的用于包装，功能多得让人意想不到。但是功能各式各样的瓶子是否是当代人的专属呢？古代的瓶子只是用来盛水吗？在揭开谜底前，让我们先来看看今天的主角——一件在五代十国时期来到中国的波斯孔雀蓝釉陶瓶，目前收藏于福建博物院。

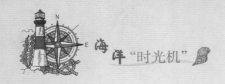

波斯孔雀蓝釉陶瓶，顾名思义，就是一件产于波斯的釉陶瓶。

它口小，颈长，腹大，像一颗立着的橄榄，瓶身布满了神秘的孔雀蓝釉，碧绿与海蓝两种颜色交相辉映，仿佛碧绿的山川向蔚蓝的大海

过渡。实际上，这件釉陶瓶的确与"海洋"有着密不可分的关系——其产地在波斯湾附近，曾属于古老的、以制陶业闻名于世的波斯帝国。该地区生产的器具多是瓶、壶一类的盛水用具，当地工匠喜欢在这些器具表面加上孔雀蓝等釉彩，使其呈现出缤纷绚丽的模样。20世纪以来，考古人员在西亚各国发现了大量有着孔雀蓝釉的器具，它们正是古代波斯人民高超制陶技术的结晶。

文物名牌

名字：波斯孔雀蓝釉陶瓶
年代：五代闽国长兴元年（930）
地址：福建博物院
标签：栖居中国的波斯客

波斯孔雀蓝釉陶瓶

为什么源自西亚的文物却在中国被发现呢？这
与当时繁荣的海外贸易密不可分。早在南北朝时期，
统治西亚及中亚部分地区的萨珊王朝就与中国保持
着十分密切的联络，经常派遣官方使节到访中国，
民间更有大量波斯人聚居在关中、扬州和广州等商
业发达的地区，进行着长途贩运的跨国贸易。到了
唐朝，两国的往来就更加密切了。如果我们去到唐
代长安城的西市，沿街一路走，便能看见许多波斯
人开的"胡店"，里面定然摆放着琳琅满目的西亚

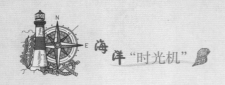

特产锦缎、香料与特色陶瓷，这些商品总能引领长安城的时尚与艺术风潮。而在波斯湾的古港口尸罗夫港，我们同样能看见许多来自中国的商船。它们装载着大量产自中国的瓷器、丝绸和茶叶——这些商品可是西亚乃至欧洲地区的人们竞相购买的"爆款"！

公元651年，萨珊王朝在阿拉伯帝国的铁蹄下走向覆灭，在它灭亡200多年后，雄极一时的唐帝国也在政权更迭中宣告落幕，中国进入了动荡的五代十国时期。所幸，这一时期福建地区的海外贸易依旧繁荣，统治该地区的闽王王审知十分重视对外贸易活动，不仅下令免去海商们头上名目繁多的赋税，还在福州的入海口新建了一座港口——甘棠港。当地地方官员们也将关税视作政府重要的财税来源，并对其多加保护。官方对海外贸易的鼓励与支持，吸引了大量西亚商人的到来，他们用货船装载着远洋贸易的商品，途经南亚次大陆与马来半岛，乘风破浪，最终来到人声鼎沸的甘棠港，开展丰富多彩的贸易活动。我们的主角孔雀蓝釉陶瓶，也正是在这时来到了中国。至于它到底是波斯船员随身携带

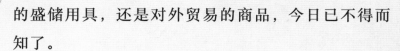

的盛储用具，还是对外贸易的商品，今日已不得而知了。

言归正传，让我们来看看这件产自波斯的孔雀蓝釉陶瓶有什么特殊之处吧！这就不得不提及它的出土地点——没错，这件釉陶瓶是考古人员从一座墓葬中发掘出来的。这座墓葬的主人是位女性，名叫刘华。史书记载，她是当时南汉国（今广东、广西及海南三省）君主刘隐的次女，出于政治原因远嫁至闽国，成为闽王王延钧的妻子。在她的墓葬中，考古人员还发现了与孔雀蓝釉陶瓶配套使用的石雕覆莲座，它与这件釉陶瓶非常契合，有点像我们今天的杯托或杯垫，是用来固定釉陶瓶的。

奇怪，这种瓶子难道不是用来盛放液体的吗？为什么要把它固定在一个地方呢？其实，在古代波斯，这类孔雀蓝釉陶瓶并不是用来盛放酒水的，而是专门拿来储存灯油的。我们之所以能在这位闽国王妃的墓中见到它，大概是因为当时的人们希望王妃在死后也能享受永恒的光明，所以将盛满灯油的它作为"长明灯"随葬。

一件产自波斯的精美釉陶瓶，远渡重洋来到中

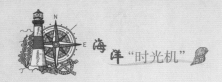
国后，摇身一变，成了人们追求光明与寄托希望的明灯。千年后，当它重见天日时，瓶中早已"油尽灯枯"，但文化交流与文明交融的火光却永不熄灭——这是它曾见证的，也是我们正在经历和守护的。

知识小卡片

孔雀蓝釉所见中国与波斯的经贸交流

由于受到铜离子含量、铅碱比和釉面厚度等因素的影响，釉料会在入窑烧制时产生介于蓝绿之间如孔雀翎羽般绚丽的釉色。釉色偏蓝，就是"孔雀蓝釉"；釉色偏绿，则是"孔雀绿釉"。波斯工匠们最先发现并巧妙地利用了其中的化学规律，通过调整釉料中碱金属锂、钠、钾、铷、铯、钫6种金属元素和铅含量的比例，烧制出层次丰富的釉色。具体而言，釉料中的碱金属成分越多，釉色越蓝；反之，釉料中的铅含量越高，釉色就越绿。迄今为止，中国的波斯孔雀蓝釉陶瓶仅在扬州、福州两地发现。它们见证了古代波斯与中国之间频繁的贸易往来，是研究古代波斯艺术和海上丝绸之路交通贸易史的重要实物资料。

9

胡椒子

是香料还是药材？傻傻分不清！

　　在琳琅满目的厨房调味品中，胡椒和胡椒粉是再平常不过的调味品。胡椒味道辛辣，又带有一股浓郁的香气，对味觉的刺激恰到好处。因此，胡椒无论是直接使用还是研磨成粉后再用，都是烹饪食物的好佐料。黑椒牛柳、黑椒意面、胡椒猪肚鸡……这几道令人垂涎的菜品，都离不开小小的胡椒！

其实，不仅今天的我们喜欢胡椒，古人也同样钟爱它们，甚至到了狂热的地步！泉州海外交通史博物馆里就收藏着一批胡椒粒。它们是从南宋时期的一艘沉船中打捞上来的，出水时共有334克，每粒直径4毫米，颜色呈棕黑色，颗粒大致完好，和我们今天食用的胡椒几乎一模一样。

文物名牌

名字：胡椒子
年代：南宋中期（11世纪末
　　　至12世纪初）
地址：泉州海外交通史博物馆
标签：古代厨房里的"明星"
　　　调味品

胡椒子

这批胡椒究竟是用于贸易的商品，还是船员们的饮食调味品，我们已经不得而知。但从中不难看出，早在古代，胡椒就远渡重洋，凭借自己独特的香气和辛辣的味道，征服了世界各地的万千民众。但你知道吗？就是这样一种如今大家都不陌生的调味品，在明代以前可比黄金还昂贵呢！

胡椒原产于印度南部的马拉巴尔海岸，随着人的迁徙，逐渐传播到埃及、阿拉伯等地。或许是古埃及人在制作木乃伊时就已经用到了胡椒，所以考古人员才会在埃及法老拉美西斯二世的鼻孔里发现胡椒的存在。古罗马地理学家斯特拉波在他的著作《地理学》中，记载了罗马帝国派出船队前往印度等地采买胡椒的事情。可见，胡椒在很久以前就是世界人民的"心头好"。

中国同样在很早的时候就引入了胡椒，作为一种香料，它最迟在汉代就已传入中国。《后汉书》中曾记载中国自天竺引进许多香料，其中就包括胡椒。隋唐以后，由于国力强盛，许多国家都会给中国进贡本国的珍贵物品，胡椒就经常出现在这些宝物之中。到了宋代，胡椒作为东南亚的特产，频繁出现在占城（今越南）、三佛齐（今印度尼西亚苏门答腊岛）、阇婆（今印度尼西亚爪哇岛）等东南

亚朝贡使团的贡品清单上。小小的胡椒，竟因此身价倍增，一跃成为国家之间的重要外交礼物。

如今，胡椒已成为我们餐桌上十分常见的调味香料之一。然而，在明代以前，胡椒却是贵族才能够享用的奢侈品。同等重量的胡椒比黄金还要贵出许多。著名的典故《胡椒八百斛》说的就是唐朝一个名叫元载的官员贪赃纳贿，横行不法，以至于家中财宝富可敌国。后来，他被下旨治罪，在抄家的时候，人们在他家中仅胡椒就查抄了八百斛，相当于今天的 64 吨，几乎是当时朝廷所有官员一年俸禄的总和！可见胡椒的价值之高。古时候的胡椒不仅是一种调味香料，还是一味珍贵的药材。《齐民要术》中就有用胡椒做肉的记载，因为胡人喜欢吃肉，他们偶然发现在做肉的时候放进胡椒，可以去腥，使肉更美味，从而发现了它的食用价值，而随着当时饮食文化的发展，胡椒也受到南北朝士族阶级的喜爱。同时，人们也慢慢发现了胡椒的药用价值，晋代张华在他的志怪小说集《博物志》中讲述了胡椒酒的做法——人们将干姜、胡椒、石榴放入好酒中进行储存，然后饮用，这样可治疗脾胃虚寒等症。

到了隋唐时期，人们对胡椒的药用价值有了更深的认识。当时的人们若是出现胃口不佳、消化不良、心口或者肚子突然疼痛等症状时，大夫极有可能会在药方中加入胡椒这一味药。当然，在这一时期人们依旧会在烹饪的时候使用胡椒，但仅仅出现于"胡盘肉食"之中。

从古至今，随着航海贸易规模的不断扩大，小小的胡椒得以不断传播，最终走进千家万户，走向你我身边，至今仍为我们的美好生活增添着独特的味道。看到这里的你，是否对这位生活中的老朋友有了更多的了解呢？

 知识小卡片

胡　椒

　　胡椒，属胡椒目胡椒科，胡椒属木质攀援藤本，生长在年降水量2500毫米的热带地区，印度尼西亚、印度、马来西亚、斯里兰卡以及巴西等国都是胡椒的主要出口国。今在我国的台湾、福建、广东、广西、海南等省份也有种植。

紫水晶串饰

隐藏在汉墓里的紫色宝石

　　"爱美之心，人皆有之。"追求美好的事物，是人类与生俱来的铭刻于基因中的本能。漂亮的服装、精致的食品……能被冠以"美"之名的事物有千万种，而这之中最具代表性的，光彩照人的各种首饰一定占有一席之地。谈及首饰，我们的脑海里会瞬间浮现出各色璀璨华丽的宝石。经过精细加工的宝石，既能作为饰品的主体，也可以成为其他珠宝的点缀，因而受到了人们的喜爱。其实，宝石家族远比我们想象的庞大，它们当中不仅有色彩缤纷的宝石，还有光彩熠熠的钻石和温润洁净的玉石，当然，也包括玲珑剔透的水晶。

说到水晶，想必大多数人都不会对它感到陌生。中国人民认识与使用水晶的的历史已相当悠久，《山海经》中就记载了名为"水玉"的矿石，这正是水晶的古称。考古人员还在浙江地区发现了战国时期的水晶杯，它的样式与我们现在家中使用的玻璃杯几乎完全一致。

　　当然，面对具有如此魅力的宝石，富有创造力的中国先民们怎么可能只满足于将其打造成简单的生活用具呢？事实上，至迟在汉代，水晶就已经受到人们的热烈追捧。考古工作者在广西合浦的汉代墓葬中发掘出了大量的水晶饰品，它们大多是由数个打磨好的水晶珠串成，这些水晶珠的形状并不统一，有圆形、棱体形等多种样式。它们的色彩也各有千秋，有白、紫、黄等常见的水晶颜色。尽管这些水晶已在泥土中陪伴它的主人沉睡逾两千年，出土时却依然色泽艳丽、熠熠生辉。

　　在广西合浦汉墓出土的众多水晶串饰中，有一条制作精美且保存完整的紫水晶串饰，它正是我们今天的主角。组成这条串饰的紫水晶珠为多面体，其中大部分是十四面体，少数为十六面体，其用料

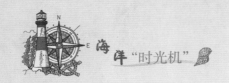
考究，做工精细，丝毫不逊于现代工艺品。它们的颜色深浅不一，既有深紫色，也有浅紫色，但整体呈半透明状，在阳光下闪烁着艳丽的光彩。

文物名牌
名字：紫水晶串饰
年代：东汉早期以前（1世纪前）
地址：合浦汉代文化博物馆
标签：汉代富豪的奢侈配饰

紫水晶串饰

那么这样精美的紫水晶串饰到底出自哪位能工巧匠之手，又为何来到合浦汉墓中呢？

考古人员认为，这条紫水晶串饰并非中国本土工匠所制。之所以得出这个结论，一是因为合浦本地并没有水晶矿藏资源，二是因为当地没有制作珠宝的传统技艺。因此，合浦汉墓中出土的水晶饰品无疑是"外地特产"。

那么，这条精美的紫水晶串饰究竟来自何方？

这就不得不从最早到达印度洋的中国人——"黄门译长"说起了。"黄门译长"是汉朝始设的官职。"黄门"一般指内廷之中皇帝身边的宦官，因为秦汉时期的宫门多被涂成黄色，故将在宫禁内供职的宦官称为"黄门"；"译长"则是供职于黄门之下的翻译官，专门负责为外来朝贡的使者翻译和其他外交工作。所以黄门译长就是隶属于内廷的外交使者，既是外交人员，自然少不了要出使外国。毕竟，语言障碍问题，得靠他们解决。

为了更好地了解，让我们一起穿越到东汉时期去看一看吧。

东汉朝廷为了与东南亚各国建立联系，通常让黄门译长与出海做生意的商人们组成队伍，从岭南地区的徐闻、合浦出发，沿着海岸线航行，他们一路惊涛骇浪，还经常遭遇海盗的袭击。所幸，他们得到了沿途各国的支持与补给，最终得以不辱朝廷使命，抵达位于南印度的黄支国。

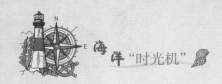

黄门译长一行人来到黄支国后，发现这个国家不但人口众多，而且物产丰富，尤其盛产珍珠与水晶——此地是紫水晶的主要产地，还是宝石加工中心。市面上售卖着许多精美华丽的珠串，它们是由紫水晶、玛瑙和石榴石等宝石加工而成的珠子串成的。面对琳琅满目的饰品，黄门译长突然冒出了一个想法："这些饰品从未在汉土见过，若是把它们带回去，应该能在那些达官贵人中卖个好价钱。"于是，他们购置并运回了大量黄支国盛产的珠宝首饰，其中就包括这条多面体紫水晶串饰。

正是这一举动，才让两千年后的我们能够欣赏到这条重见天日的紫水晶串饰。它的华美光辉，似乎在

向我们诉说那段中国与东南亚各国互通有无的久远
历史。

知识小卡片

我国目前发现最早的水晶饰品

　　水晶是一种石英结晶体，在矿物学上属于石英族，其主要化学成分是二氧化硅（SiO_2）。水晶在纯净状态下是无色透明的晶体，经辐照微量元素后，会形成不同类型的色心，从而产生绚丽缤纷的颜色。我们所知的紫水晶、黄水晶等有色水晶就是纯净水晶经过辐照的产物。

描金漆器制茶图双联罐茶叶盒
欧美各国的"神仙续命水"

　　奶茶是牛奶与茶叶交融而成的美味饮品，因为香浓可口、可提神醒脑，已成为当下许多年轻人的心头好，甚至得到了"续命水"的别称。今天，我们只要漫步街头，就会发现奶茶店的身影随处可见。提到奶茶的制作，便必然不能忽视其中的关键材料——茶叶。茶叶是起源于中国的名产，中国人饮茶的历史源远流长。在第17届联合国教科文组织非遗文化保护的相关会议上，中国申报的"中国传统制茶技艺及其相关习俗"被成功列入"人类非物质文化遗产代表作名录"，足见茶叶与中国的深厚渊源。

文物名牌

名字：描金漆器制茶图
　　　双联罐茶叶盒
年代：19 世纪
地址：广东省博物馆
标签：风靡于西方贵族
　　　中的奢侈包装盒

描金漆器制茶图双联
罐茶叶盒（一）

其实，茶叶不仅在中国人的日常生活中占有重要地位，还是中国对外文化交流的重要名片。在西方各国，历史上也同样有一款名副其实的"神仙续命水"——茶水。简简单单的一杯茶，却使饮茶在欧美贵族中风靡一时。它为何有如此大的魅力？当初又是怎样漂洋过海去到欧美各国的呢？别急，这件藏于广东省博物馆的 19 世纪描金漆器制茶图双联罐茶叶盒，将会告诉你答案。

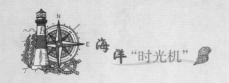

　　茶叶外销在中国的海外贸易史上具有极其重要的地位，其重要程度与丝绸、瓷器不相上下，但它真正风靡欧美，还是17世纪以后的事情。17世纪初，荷兰商人率先将茶叶从澳门贩运至欧洲。尽管当时西欧各国的市场上已经出现了来自东方的茶叶，但这种需要冲泡的饮料依旧鲜为人知，并未立即受到当地人的欢迎。

　　"酒香也怕巷子深"，为了扩大茶叶的知名度，荷兰商人甚至在咖啡馆外打起了推销茶叶的广告。然而他们并不是从茶的口感与味道入手，而是将茶叶广告的宣传重点放在了它的药用价值上，甚至把它称作"被所有医生称赞的卓越的中国饮料"。随着越来越多的茶叶被源源不断地运往欧洲，这种神奇的东方饮品也逐渐引起了欧洲贵族的注意。到了18世纪，欧洲各国成立的多家东印度公司都在广州设置了茶叶贸易站点，将大量的中国茶叶运往欧洲市场。

　　中国茶叶使欧洲各地的饮茶之风盛行。与此同时，存放茶叶的茶叶盒也成为欧洲贵族们爱不释手的常用器具。中国的能工巧匠们敏锐地捕捉到了这

一商机，从西方顾客群体的需求出发，设计并制作
了一批专门用于包装外销茶叶的茶叶盒，这件黑漆
描金的八边形长盒就是其中比较典型的一款。

这批茶叶盒不
仅外形精美，在制作
工艺和装饰图案上也
体现出浓厚的中国传
统文化底蕴。茶叶盒
的外层经过了髹漆处
理，因而具备防水防
潮的功能，可以有效

描金漆器制茶图双联
罐茶叶盒（二）

保障茶叶不会受潮变质，盒子内部则置有不同数量
的锡胆，有单一的内胆，也有两个或三个间隔开来
的内胆，内胆数量较多的茶叶罐，可以在一个盒子
里装下不同品种的茶叶，以满足消费者"一次消费，
多种享受"的需求。在装饰图案的选择上，中国工
匠们也牢牢抓住了西方顾客对古老东方帝国的好奇
心。当时的欧洲贵族们不仅享受品茶的过程，还十
分好奇茶叶的制作流程。得知这一信息的中国工匠
们，便在茶叶盒上巧妙地绘制了炒茶、捡茶和选茶

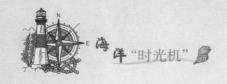
的场景，使茶叶盒除了实用价值，还具备了相当的观赏价值。

除此之外，这类茶叶盒上还有一种工艺也非常特殊呢！为了尽可能地体现茶叶的珍贵，中国工匠们除了使用刚提到的髹漆与绘画，还在黑漆之上采用了描金工艺。所谓描金，就是将金箔加入熬制好的明胶中，并在高温之下熔化它，再细细研磨，最后用毛笔蘸取调制好的"金水"勾勒图案，等风干后，茶叶盒上便留下了金光闪闪的轮廓。这种极尽奢华的设计，最能彰显购买者不凡的品位与尊贵的地位，因而一推出，就在欧洲市场上大受欢迎，甚至到了"一盒难求"的地步。

值得我们注意的还有一点，那就是这些外销的茶叶盒都是带锁的。为什么要在茶叶盒上设计锁扣呢？这其实和茶叶高昂的身价密切相关。在茶叶刚刚风靡欧洲时，它的销售渠道就被各国的东印度公司垄断，进口数量十分稀少，在市场上供不应求，其价格自然十分昂贵。当时，一个英国搬运工的年收入为2~6英镑，而在英国市场上一斤茶叶就可以卖到3英镑，相当于一个搬运工辛苦一年的收入！

因此，欧洲各国的茶叶风尚最初只在上流社会流行。然而，随着社会的发展和思想的进步，一些贵族的仆从逐渐觉醒，认为自己同样享有喝茶的权利。在这种情况下，如果主人无法满足他们的需求，那么家里的茶叶就很可能被仆从们顺手偷走。于是，带锁扣的茶叶盒就可以帮欧洲贵族们解决这一困扰，自然受到欢迎。不过，自 18 世纪中叶开始，大量的走私茶叶流入英国，极大程度地压低了茶叶的价格，也赋予了底层人民喝茶的权利。美国独立战争的导火索——波士顿倾茶事件，也和茶叶的走私有着密不可分的关系呢！

　　黑漆描金茶叶盒是伴随东西方的海上贸易盛行而产生的新型器具。透过这个小小的茶叶盒，我们不仅可以看到东西方文化的双向交流与互动，还能感受到中国工艺的博大精深与蓬勃生命力。看到这里，你是否也想给自己来一杯清雅的热茶呢？

漆　器

　　漆器是用漆作为器物表面涂层的日常器具或工艺美术品，它是中国的重要发明。漆的主要原料是生漆，它是从漆树上割取的天然液汁，用它做成的涂料具有耐潮、耐高温、耐腐蚀等特殊功能，还可以加入各种着色剂，配制出不同颜色的漆，令经过髹漆的器物光彩照人。早在 8000 年前的浙江井头山遗址中就发现了两件涂有漆层的木器，这是我国目前发现的最早的漆器。

《坤舆万国全图》

明朝人眼中的世界

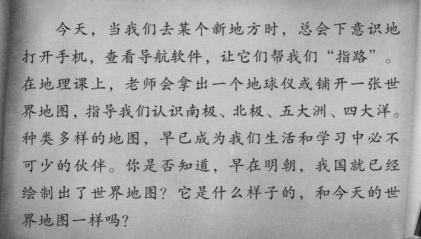

今天，当我们去某个新地方时，总会下意识地打开手机，查看导航软件，让它们帮我们"指路"。在地理课上，老师会拿出一个地球仪或铺开一张世界地图，指导我们认识南极、北极、五大洲、四大洋。种类多样的地图，早已成为我们生活和学习中必不可少的伙伴。你是否知道，早在明朝，我国就已经绘制出了世界地图？它是什么样子的，和今天的世界地图一样吗？

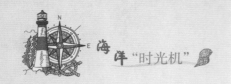
这张绘制于明朝时期的《坤舆万国全图》，就是明朝人眼中世界的样子。

文物名牌

名字：《坤舆万国全图》
年代：明万历三十年（1602）
地址：南京博物院
标签：明朝人眼中的世界地图

《坤舆万国全图》局部图

在古代汉语中，"乾"指"天"，"坤"指"地"，"乾坤"合在一起指的就是"天地"。"舆"的本意是车的底座，延伸为承载万物之意，故而地图古称"舆图"。《坤舆万国全图》自然就是指今天的世界地图了。这幅地图是明朝万历年间来华的传教士利玛窦和明朝科学家李之藻合作绘制的世界地图，也是中国最早的彩绘世界地图。它以 16 世纪西方流行的世界地图为蓝本，创造性地将以中国为中心的亚洲东部放在了地图的中央。

可别小看这个改动。要知道，在这之前的世界地图都是将欧洲置于地图中央。而《坤舆万国全图》基于世界地图的改动考虑了中国人的接受度，并一直被传承至今。仔细回想一下，你从小到大看过的中文版世界地图，是不是都把中国放在地图的中央呢？

《坤舆万国全图》于明万历三十年（1602）在北京被临摹后，底本便在国内渐渐失传。直到1922年，这幅地图的临摹版出现在北平（今北京）的古董市场上，几经辗转，被当时的北平历史博物馆以重金收购。随着抗日战争的爆发，《坤舆万国全图》和其他文物一路南迁，流转到中央博物院（今南京博物院）筹备处。新中国成立后，这幅地图最终被留在了南京博物院。

南京博物院珍藏的这幅《坤舆万国全图》长380厘米，宽192厘米。整幅地图共分为三大部分。

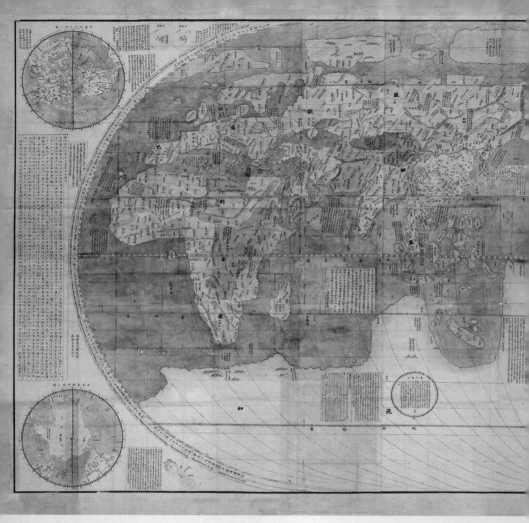

《坤舆万国全图》

　　第一部分是椭圆形的世界地图，用多种颜色描绘而成，整体和谐而富有层次感——南美洲、北美洲用粉红色，亚洲呈淡淡的土黄色，欧洲和非洲近似白色。山脉用淡绿色勾勒，河流以双曲线描摹，

海洋用深蓝色画出水波纹。大洲的名称用红色字体
书写，国名和地名则用墨笔书写，只以字体大小体
现区域的分别。最特别的是，这幅地图还绘制了南
极洲，证明当时的人们已经认识到在地球的最南端

还存在一块大陆。不过，这幅图上还没有出现澳大利亚，那是因为当时澳大利亚尚未被发现。

第二部分是位于地图四角的天文图和地理图，右上角画有《九重天图》，右下角画有《天地仪图》，左上角是《赤道北地半球图》和《日月食图》，左下角曾有《赤道南地半球图》和《中气图》。光看这些名字，你大概能猜到，这些起辅助作用的小图实际上是天文地理知识的"工具图"。

第三部分则是分布在地图各处起解释说明作用的文字，字里行间"演译"着世界各地的风土人情，称得上是一部世界地理大百科。其中的许多文字在今天看来也十分有趣。例如，地图在南美洲国家"伯西尔"旁记录这个国家有"好食人肉，但食男不食女"的风俗。"伯西尔"是"巴西"的早期音译中文名，而有这一风俗的是当时生活在亚马孙热带雨林中的食人族。关于远在南美洲的这一信息并不是李之藻自己获得的，而是利玛窦从西方带来的——这是当时欧洲各国航海家们远航探索的成果。那么，李之藻对这份地图的解说文字就没有任何贡献吗？当然不是！李之藻在地图上增补了大量关于中国的地理信息，其信息量远远超出对其他国家的描绘。他对中国当时的各个省份、重要城市都进行了详细标注，还描绘了中国主要的山川、河流，详细地勾勒出它们的发源地和流经省份。

此外，《坤舆万国全图》中还体现了世界各地著名的河流，例如幼发拉底河、尼罗河、伏尔加河、印度河等。图中的地理信息虽然与今天的地图有一定差异，但不失为当时最为详尽的世界地图。最可贵的是，这幅地图在各大洋的位置上绘制了9艘16世纪不同类型的帆船，在各个海域中，也绘有鲸、鲨、海狮等海生动物，在南极洲上绘有大象、狮子、鸵鸟、恐龙等陆生动物。这样的绘制手法让地图变得形象生动。

尽管这幅地图违背了"天圆地方"的中国传统观念，但依旧得到了万历皇帝的认可和喜爱。他让众多宫中画匠临摹这幅地图，并赠送给皇亲国戚。此后，《坤舆万国全图》又流传到了朝鲜、日本等国家，促进了整个亚洲的地理学和天文学的发展。

如今，《坤舆万国全图》仍藏于南京博物院文物库房深处，被小心地保护着。细看这幅地图，我们会再一次被明朝人对世界的精妙认知深深震撼。

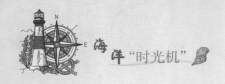

它启迪我们，文明因交流而多彩，也因互鉴而丰富。
面朝大海，世界尽在眼前！

知识小卡片

古代中国的地图

　　中国人早在4000多年前就有了地图的概念，《墨子·地图篇》中就有描述地图的文字，马王堆汉墓出土的帛画中也有地图的雏形。然而，古代中国的地图大多介于图像描绘和山水画之间，对于地形、方位等要素的记录不详细，和利玛窦、李之藻所绘的《坤舆万国全图》有较大的差距，这足以见《坤舆万国全图》的重要性。

郑和铜钟
第七次下西洋前的祈祷

生活在沿海地区的人民总是对大海充满敬畏之心。从古至今，许多地方的渔民在出海捕捞前，都会开展一系列祈求航行平安的祈福仪式，也因此形成了许多民俗活动，在今天成为非物质文化遗产，被加以保护。其实，不只是一般的航海者，著名的大航海家在扬帆远航前，也会大张旗鼓地举行祈福仪式。中国国家博物馆就收藏着一口与出海祈福有关的铜钟，其铸造者是明朝时期大名鼎鼎的航海家郑和，因此，它被命名为"郑和铜钟"。

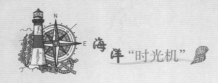

郑和铜钟

　　说起郑和，我们一定都不陌生，"郑和七下西洋"的故事也早已家喻户晓。自明朝永乐三年（1405）起，至宣德八年（1433），在将近30年的时间里，郑和一共七次率领船队，代表明朝廷遍访印度洋及其沿线国家和地区。每次出发前，宝船上都会满载丝绸、瓷器和茶叶等中国特产。每到一国，郑和就向当地统治者赠送来自中国的礼物，并与他们建立友好往来的商贸关系；在返航时，船队也会将所访地区的特产名物带回中国。于是，印度的香料、东南亚的珠宝、西亚的狮子乃至东非的长颈鹿便随着郑和的巨帆来到中国。

那么开头说到的郑和铜钟与郑和下西洋之间究竟有什么关系呢？其实，这口铜钟是郑和在第七次出海前铸造的。郑和第七次下西洋是宣德年间的事情，与之前的六次相比，这次进展得并不顺利，这还要从永乐十九年（1421）的一场大火说起。当年，紫禁城内发生了一场巨大的火灾，将新修的三大殿（太和殿、中和殿和保和殿）悉数烧毁。重修宫殿需要耗费巨大的财力和物力，势必给百姓带来沉重的负担。于是，刚正不阿的户部尚书夏原吉上书朱棣，请求减免各省赋税，并停止包括下西洋在内的其他重大活动。自朱棣继承帝位以来，朝廷便连年对外用兵，北京紫禁城、南京大报恩寺等国家工程的修建亦一刻未停，加之郑和下西洋等外事活动耗资巨大，国家已不堪重负。至永乐晚期，繁重的赋税已令百姓苦不堪言，各地民怨四起。朱棣深感问题严重，随即颁布《奉天殿灾宽恤诏》，下令暂停一切修造船只和买办货物等远航活动，已经箭在弦上的第七次下西洋因此暂停。

三年后，朱棣驾崩，即位的洪熙皇帝朱高炽更

是明确要求停止下西洋等耗费民力的活动。直至宣德皇帝朱瞻基登基后的第五年，下西洋的活动才因为条件成熟而重新启动。此时，距离第六次下西洋已过去了将近十年，郑和也早已是花甲之年的老人。然而，暮年的郑和在接到诏命后依旧当仁不让，即刻在龙家湾（今南京市下关一带）集结船队，于宣德六年二月二十六日（1431 年 4 月 8 日）抵达福建的长乐港。但是，刚到港的船队并不能马上起航，因为此时的季风风向不适合远洋航行，郑和与他的船队必须在长乐港等待东北季风来临后方可起航。

铜钟便是于郑和一行驻扎在长乐港期间铸造的。

在船队休整的这段时间里，郑和积极地修造船舶、招募水手，并率领军队对当地的天妃宫进行修缮。之后，郑和又沿闽江而上，来到了富屯溪岸边铜矿储量丰富的南平镇。为祈求航行顺利，他与同行的王景弘等人旋即在此铸造了一口刻有铭文的铜钟，并将它安置在茫荡洋山的雪山寺中。茫荡洋山面朝东海，山势雄伟，站在山上眺望，大海仿佛近在咫尺。郑和将铜钟安置在雪山寺中，大概是希望跟随自己下西洋的船员们，能在出海前听到充满祝福与祈祷的钟声。

随着红叶落尽，船队翘首以盼的东北季风终于来临了。这天，郑和与无数随行人员正式从长乐港扬帆起航，重游他生命中的故地——"西洋"。此次航行，郑和的船队造访了南洋群岛上的诸多国家，随后驶向位于印度西部的古里，恰逢来自天方国（今阿拉伯地区）的船只停靠在此处，郑和便召集了外交人员、商人和翻译等一行人与之沟通，随后郑和船队跟随天方国的船只去往阿拉伯半岛的圣地——麦加朝拜。最后，郑和的船队于1433年1月抵达波斯湾沿岸，在当地停留了两个多月后，返回中国，顺利完成了第七次下西洋的任务。

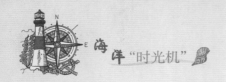
在距离郑和下西洋将近 600 年后的今天，这口铜钟早已从雪山寺走进中国国家博物馆的展厅里。它承载着一位伟大航海家追寻远方的理想，如今，它又将见证当代中国与海外各国的友好交往。

知识小卡片

失蜡法

　　青铜器的铸造技艺主要有三种：范铸法、失蜡法、焚失法。郑和铜钟是采用失蜡法铸造而成的。失蜡法的核心在于对蜡的巧妙运用。用失蜡法铸造铜器，先造出与成品一致的蜡样，再依照蜡样，用耐火的细泥制作出内芯和外范，分别与蜡样内外相嵌合。而后用高温加热，使熔化的蜡水从泥范下预留的小孔中流走，形成完全符合成品形态的空范，最后往泥范内倒入铜液，待铜液冷却后，敲碎外范，取出内芯，便可得到一件精美的铜器。尽管失蜡法的成本非常高昂，对步骤要求也十分苛刻，但它可以让工匠制作出结构非常复杂的铸件。因此，这种方法至今仍在雕塑、牙科、珠宝及航空航天工业等领域被广泛运用。

14

《金日晟墓志》
此心安处是吾乡

　　每逢清明节，我们都会怀着沉重的心情去墓园扫墓祭拜，以表达对先人的哀思。在墓园中，我们主要通过竖立在坟前的墓碑来确认埋葬者的身份、性别和生卒年月等信息，这种竖立墓牌的传统自古有之。但是，比起现代，那时的埋葬仪式更加繁琐，除了要在坟前立碑，还要在墓中放置一块刻有死者生平事迹的石刻——这就是墓志。

　　墓志是中国古代丧葬制度发展的产物，它有固定的形制和专门的文体，主要记述死者姓名、卒年和生平事迹。墓志最早诞生于秦汉之际，并一直延续至明清时期，经历了由砖造墓志到石刻墓志的发展历程。我们今天的主角正是一方藏在大唐西市博物馆里的唐代墓志，它的主人叫金日晟。

文物名牌

名字：《金日晟墓志》
年代：唐大历九年（774）
地址：大唐西市博物馆
标签：荣誉国民的生平
　　　回忆录

《金日晟墓志》
局部拓片（一）

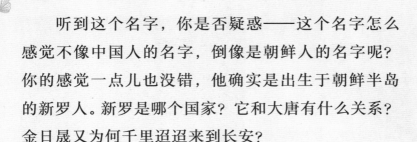

听到这个名字，你是否疑惑——这个名字怎么感觉不像中国人的名字，倒像是朝鲜人的名字呢？你的感觉一点儿也没错，他确实是出生于朝鲜半岛的新罗人。新罗是哪个国家？它和大唐有什么关系？金日晟又为何千里迢迢来到长安？

这些问题，就要从朝鲜半岛的历史说起了。在公元 7 世纪时，朝鲜半岛上有三个国家，分别是高句丽、百济和新罗。在这三个国家之中，新罗是最弱小的国家，但它以后来居上的气势，依靠大唐的帮助先后攻陷了百济与高句丽，还吞并了百济的故土，实现了朝鲜半岛大同江以南区域的统一。

也正因为如此，新罗在此后一直与大唐保持着亲密无间的关系，经常派遣王族子弟来大唐的都城长安宿卫或留学。金日晟就是其中一位贵族子弟，他是新罗王的同宗兄弟。然而，尽管来唐求学的新罗贵族很多，但死后葬于长安的却非常罕见，因为新罗人也有"落叶归根"的传统，死后的游子也要归葬故乡。

那么，金日晟为何最终葬于异国他乡的长安呢？这就要从他的墓志里寻找答案了。根据墓志记

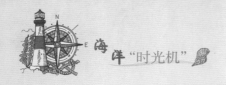
载，金日晟于唐大历九年（774）四月八日薨于长安崇贤里的私人宅邸，并被安葬在长安县南郊的水寿原，大概是今天西安市雁塔区三爻村一带，享年62岁。墓志中还写道，金日晟入唐以后十分勤勉，唐朝廷对这位

《金日晟墓志》局部拓片（二）

从新罗来的友好使者极为尊重，不断升迁他的官职，最终被任命为光禄卿。光禄卿是唐代光禄寺的主政长官，位居从三品，这在唐代已是非常高的官职，一个外国人能身居如此要职是极其罕见的。从金日晟的人生轨迹看，他从少年时期就已远渡大唐，在长安生活了数十年，早已扎根唐土。并且，他生活的年代正好经历了"安史之乱"的浩劫，在这场劫难中，他和家人一起随朝廷颠沛流离，可谓与唐王

朝共历磨难。有了这样的人生经历，他自然已经将大唐视作自己的第二故乡，死后葬于长安也就顺理成章了。

金日晟的墓志中刻有"葬于王土，何异乡关"八个字，意思是说虽然没有归葬故国，但葬于长安与葬于故国有什么区别呢？这足见他对唐王朝的深厚情谊。

然而，这样一方出土于西安的墓志，与千里之外的大海有什么关联呢？

它们的关联在于新罗人入唐的交通路线。尽管朝鲜半岛与中国大陆接壤，可如果直接走陆路进入大唐，就相当于绕了个大远路，不仅费时费力，还可能遭遇许多未知的风险。所以，当时的新罗人主要是走海路入唐的。新罗人入唐的海上交通路线共有三条，一般以前两条路线为主。

第一条是从朝鲜半岛中部海岸西渡黄海，至唐登州文登县赤山浦（今山东省威海市斥山镇）一带登陆，然后取陆路转至洛阳和长安。

第二条是从赤山浦沿今山东至江苏的海岸南下，经海州（今连云港市海州区）至泗州涟水县入

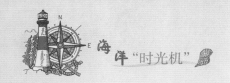

淮河，再转行运河，自此或西上洛阳和长安，或南
下扬州。

第三条则是从长江口直接进入扬州，然后各奔
东西。

今天，我们已无法考证金日晟究竟是从哪条路
线进入长安的。但可以肯定的是，他肯定是通过海
上交通登陆，再辗转前往长安的。其实，除了像他

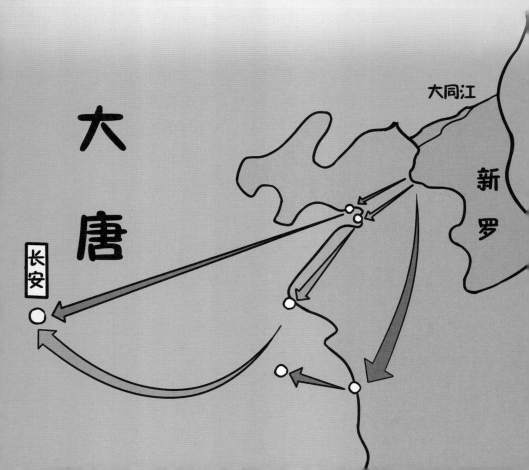

这样的新罗贵族来唐外，还有大量其他阶层的新罗人前往大唐，他们或在大唐定居，或暂住，甚至还形成了大大小小的居住区。当时，在水路沿途的各个城市中，多有新罗移民居住，并建有"新罗坊""新罗馆"等新罗人聚居区及接待设施，为南来北往的新罗人提供食宿交通等便利。至于沿海的广大乡村，移居至此的新罗平民或与唐人杂居，或建立起独立的移民聚落。这些居住在唐土上的新罗人主要从事军事、农业、渔业或交通运输业等行业，并且凭借着优秀的航海技术，充当着东亚地区往来航船的领航员。

《金日晟墓志》记述了一个外国人在大唐波澜壮阔的一生，显露出唐代对外来者的高度重视与百般关怀，也为我们展示了"故乡"的另一种意义——故乡不仅可以是生养自己的故土，也可以是安放心灵的归处。心在何处，何处就是故乡。

知识小卡片

安史之乱

　　"安史之乱"是唐玄宗末年至代宗初年（755年12月至763年2月）唐朝将领安禄山与史思明在背叛唐朝后发动的战争，这场战争是唐朝由盛而衰的转折点，导致唐朝境内人口大量流失、国力锐减。因为发起叛乱的指挥官以安禄山与史思明二人为主，因此该事件被冠以"安史"之名，又由于其爆发于唐玄宗天宝年间，故亦称"天宝之乱"。

15

浡泥国王墓
长眠在南京的外国国王

中国历史上的王朝众多、更迭频繁，几乎每一个王朝的统治者都会修建华丽的陵墓，以确保自己死后仍能在另一个世界继续享受荣华富贵。提到中国境内的帝王陵墓，你可能会想到西安的汉唐陵寝、绍兴的宋六陵、南京的明孝陵和北京的明十三陵。但你是否知道，我国境内竟有一座外国国王的陵墓？它在哪里，葬的又是谁？

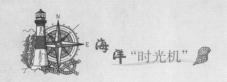

这座陵墓，我们现在称为"浡泥国王墓"。它位于南京市雨花台区安德门外石子岗乌龟山南麓，是15世纪初浡泥国国王麻那惹加那乃的陵墓。

文物名牌
名字：浡泥国王墓
年代：明永乐六年（1408）
地址：南京安德门外石子岗
　　　乌龟山南麓
标签：深爱中华的外国皇帝

浡泥国王墓碑

浡泥国王墓坐北朝南，前临池塘，遥对牛首山，东、西、北三面环山，是一块十足的"风水宝地"。墓园环境幽静，林木苍翠，雪松、丁香、紫薇等树木环抱着陵墓。从墓园正门进入，走在通往陵墓的弧形神道上，便能看见神道两侧两两相对的石雕像——石马、石羊、石虎以及文臣武将等。他们静立于此，庄严肃穆。墓园里还有牌坊、碑亭等景观，其中的几块碑刻记录着麻那惹加那乃的生平与他远渡重洋来到中国的事迹。整座墓园的建筑规格较高，相当于明朝亲王的等级，这在当时是十分罕见的。

浡泥国王墓神道

　　我们不禁好奇，浡泥国在何方？他的国王为何被葬在此处，享受如此尊贵的丧葬仪制呢？

　　翻开今天的地图，在东南亚加里曼丹岛北部，有一个名叫文莱的国家，它的统治者被称作"苏丹"。文莱的前身，就是浡泥国。实际上，这个国家从南朝时期就已经与中国交好，明太祖朱元璋还曾派遣御史等重臣出使浡泥国。南京的这座浡泥国王墓是明朝永乐年间修建的。提及永乐，我们自然会想到明成祖朱棣，也能联想到那个时代的壮举——郑和下西洋，而浡泥国王来华，正与郑和的航海行动有着密切关系。

　　时间回到永乐三年（1405）的冬天，麻那惹加那乃遣使恭贺朱棣即位，并献上许多土特产，朱棣随后派遣官员封他为王，并赐予王印。这是自朱棣登基以来，浡泥国与明朝之间的首次官方交流。

　　三年后，即永乐六年（1408），随着郑和第二次下西洋的顺利进行，浡泥国王麻那惹加那乃带着妻子、弟妹、子女与陪臣共150多人，跟随一部分中途回国的郑和航海船队来中国访问。浡泥国王一行刚到福建，就受到了明朝廷的盛情款待。从福建至南京的途中，他们经过的州县无一不热情接待。抵达南京后，朱棣在华盖殿宴请国王一行，接着又在奉天殿设宴招待了国王和陪臣，还派国公夫人去宴请王后等人，平时亦多派官员送酒席至他们下榻的宾馆，并指定大臣陪同，足见明朝廷对浡泥国王一行的到访重视。

可是天有不测风云，麻那惹加那乃在南京游览月余，不幸染上急病，虽经御医会诊抢救，尽心医治，却终因病情过重，于当年十月卒于南京馆舍，得年仅 28 岁。由于受到明朝的礼遇，加之两国间感情深厚，麻那惹加那乃在临终前留下了"愿以体魄托葬中华"的遗嘱，希望自己死后能安葬在中华大地上。

得知消息的朱棣极其悲伤，不仅为他"辍朝三日"，还追赠谥号"恭顺"，遵照其遗愿，按王侯的规制将这位浡泥国王葬在安德门外的石子岗上，建祠祭祀，并特地寻找入籍的南洋人为其守墓，每年春秋两季都有专人负责祭祀和打扫。

在这之后，麻那惹加那乃的儿子遐旺继承王位，再次被明朝册封为浡泥国王。永乐十年（1412）九月，遐旺和他的母亲又一次来到南京，拜谒王陵，祭扫父墓。

因时过境迁，浡泥国王墓曾一度在历史中"隐身"，百余年间无人问津。直到1958年5月12日下午，它才被南京市的文物工作者找到，并在不久后被确定为永乐年间的浡泥国王墓。今天，浡泥国王墓已被修葺一新，得到了妥善的保护。它不仅是南京市的著名历史遗迹和全国重点文物保护单位，还是中国与文莱两国友好交往的历史见证。

以海上丝绸之路为纽带，居于亚洲东部的泱泱大国和东南亚岛屿上的滨海之邦被紧密地联系在一起，并结下了深厚的情谊。时至今日，我们已无法考证，永乐年间来华的浡泥国王为何最终选择安葬

在与故土相隔万里的南京？究竟是怎样的景致，为他在南京驻停的短暂岁月添上惊鸿一笔，令他毕生难以忘怀？兴许，在美丽的景色之外，更有一种无形而强大的力量吸引着他，而这股力量的名字就叫"文化"。碧波浩渺的海上丝绸之路，不也正是由各种文化共同构成的绚烂航线吗？

 知识小卡片

浡泥国

中国关于记载浡泥国的史料，最早始于西汉。南朝时，两国开始来往，至唐宋时，往来密切，其间因朝代更替、战乱，两国的来往时有中断。明洪武二年（1369），浡泥国更是被朱元璋列为"不征之国"，并派遣使者帮助浡泥国摆脱周边国家的侵扰，足见两国之间的深厚情谊。

《北洋水师章程》
中国近代史上最强大的海军舰队

你能立刻说出中国现在有多少艘航空母舰吗？

答案是三艘。除了广为人知的辽宁舰外，还有近几年陆续下水的山东舰、福建舰。它们是中国海军极其重要的成员，也是守疆卫土的重要力量。面对今日强大的中国海军，我们会忍不住回想起中国近代史上一支著名的海军舰队，你知道这支舰队叫什么名字吗？

没错，它就是建立于清朝末年的北洋水师。北洋水师又称作北洋舰队或北洋海军，于 1888 年正式成立，是清政府建立的四支近代海军中实力最强、规模最大的一支，拥有主要军舰 25 艘，辅助军舰 50 艘，运输船 30 艘及各类官兵 4000 余人。

文物名牌
名字：《北洋水师章程》
年代：1888 年 12 月 17 日
地址：天津国家海洋博物馆
标签：近代中国海军的行为准则

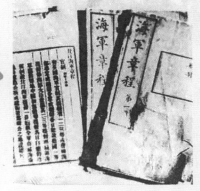

《北洋水师章程》

在天津国家海洋博物馆二楼，陈列着一份名叫《北洋水师章程》的文件。顾名思义，它是北洋水师运作的章程细则，于 1888 年 12 月 17 日颁布施行，这一天，也是北洋水师正式成立的日子。《北洋水师章程》由当时担任北洋海军旗舰——定远舰的管

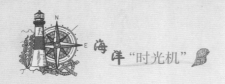

带刘步蟾撰写，阐述了北洋水师的船制、官制、事故处理、学生招考、俸饷、工需杂费、仪制礼节、军规、武备及军旗等事项。它内容详尽，是中国历史上第一部系统的海军章程。

《马关条约》谈判现场还原

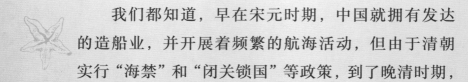我们都知道，早在宋元时期，中国就拥有发达的造船业，并开展着频繁的航海活动，但由于清朝实行"海禁"和"闭关锁国"等政策，到了晚清时期，

积贫积弱的中国连一支像样的海军舰队都无法组建，面对西方列强的坚船利炮，只能委曲求全、任人宰割。就是在这样的形势下，以李鸿章为首的洋务派大臣意识到建立海军、巩固海防的重要性。

1874 年，日本派兵登陆台湾，企图占据台湾，清军以仅有的战船赴台，将其驱逐。这件事警醒了清政府，在洋务派的一致努力下，清政府决心加快建设海军。次年 5 月，清政府派李鸿章督办北洋海防，推动北洋水师的创立。1884 年，在马尾海战惨败后，李鸿章痛定思痛，加快了北洋水师的建设。终于，在 1888 年 12 月 17 日，北洋水师于山东威海卫刘公岛正式成立，清政府每年拨出 400 万两白银来支持海军建设。

你也许不知道，在北洋水师刚成立的几年间，它曾是亚洲最强大的海军舰队，可最后却由于种种原因日渐落后，在 1894 年至 1895 年的甲午中日战争中全军覆没。算下来，这支舰队"辉煌"的时期只有短短六七年而已，存在的时间更是不到 20 年。那么，这 20 年间都发生了哪些事？让我们跟着时光机去看看吧！

李鸿章创设北洋水师。同年，清政府向英国订造四艘炮船。

1875

清政府向英国订造"扬威号""超勇号"两艘巡洋舰。

1879

1880

清政府向德国订造"定远号""镇远号"两艘铁甲舰。

1881

清政府先后在旅顺和威海两地修建海军基地。

1895

7月25日，日本联合舰队不宣而战，甲午中日战争爆发。9月17日，两军爆发黄海海战，北洋舰队损失了五艘军舰。

北洋舰队在威海卫之战中孤立无援，困守刘公岛一月有余，丁汝昌悲愤自杀，全军覆没。

1894

北洋水师宣告成立，并颁布施行《北洋水师章程》。

1891

李鸿章奉命检阅北洋海军，不久海军提督丁汝昌统率"定远号"等六艘军舰访问日本。

1888

1885

海军衙门成立，清政府分别向英国、德国订造"致远号""靖远号""经远号"和"来远号"四艘巡洋舰。

111

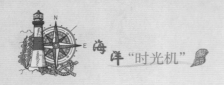

　　北洋水师从创立到覆灭的历史，也是近代中国炮火轰鸣、血泪斑驳的屈辱史。当初葬身大海的军舰并没有彻底消亡，而是随着今日水下考古工作的推进逐渐浮现在我们眼前。2015 年 10 月，考古工作者确认了先前打捞的"丹东一号"为北洋水师的"致远号"。2018 年 7 月至 9 月，考古工作者又在辽宁大连庄河海域中发现并确认了甲午海战中北洋水师的沉舰——"经远号"。

随着"致远号""经远号"的重现，生于图强、死于救国的北洋水师也再次引起了世人的关注。其实，在甲午战争结束后，覆灭的北洋水师很快就被重建起来，并在1909年和另一支舰队——南洋水师一起合并成了巡洋舰队。说到这里，你一定很好奇，北洋水师到底有多少舰艇？它们都叫什么名字呢？别急，让我们来看看下页这张北洋水师的"族谱"吧！

　　乍一看，北洋水师的阵容还挺强大的，但再多的舰船和再精良的装备，一旦遇上保守懦弱的统治者与腐败无能的政府，就无法有效地发挥出全部战斗力，最终只能落得任人欺凌的下场，晚清时期的历史便是血的教训。即使是濒海大国，没有雄厚的国力，就不可能建立起强大的海军；没有强大的海军，国家的海洋权益自然就得不到保护。今天，看着这份《北洋水师章程》，望着锈迹斑驳的军舰残骸，我们感慨良多。唯有不忘前事，才能继往开来，愿我们以史为鉴，珍惜并捍卫当下这来之不易的和平！

北洋水师家族（部分）

敏捷号

风帆训练舰

飞霆号

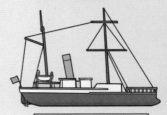

运输船

广乙号

鱼雷巡洋舰

海天号

穹甲防护巡洋舰

海龙号

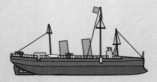

驱逐舰

导海号

布雷舰

镇远号

铁甲舰

扬威号

撞击巡洋舰

经远号

装甲巡洋舰

平远号

岸防巡洋舰

致远号

穹甲巡洋舰

广甲号

无装甲巡洋舰

知识小卡片

清政府建立的四支海军舰队

其实，除北洋水师外，晚清时期的中国还建立了另外三支海军舰队，它们分别是广东水师、南洋水师和福建水师。其中，广东水师是清朝末期部署于南海区域的一支近代化海军舰队，其特点是舰船数量多、种类繁杂且规模小。南洋水师是负责江浙一带海防事务的舰队，实力仅次于北洋水师，在1909年与北洋水师合并。福建水师则是中国第一支近代化海军舰队，也是当时装备国产化程度最高的舰队，主要驻防在福建沿海，由于它的主要舰船由福州船政工厂自制，因此又被称作船政水师。

嵌金刚石金戒指
东晋贵族也戴钻石戒指

　　"钻石恒久远，一颗永流传"，与爱情挂钩，令一枚小小的钻戒成为承载当代人爱情的美好信物。而这颗代表爱情的钻戒并不是现代人的专属。

　　钻石戒指无疑是当下最具代表性的爱情信物，同时也是一种奢华的装饰品，但你是否认为，中国人是到了现当代才在西方文化的影响下喜欢上佩戴钻石戒指，在古时候并没有钻石类饰品呢？当然不

是。早在 1700 年前的东晋时期，中国的贵族阶层就已经开始佩戴钻石戒指了。现在就请出今天的主角——收藏于南京市博物馆的东晋嵌金刚石金戒指，与今天商场常见的以铂金作为戒托的钻石戒指不同，这枚戒指的指环是用黄金打制而成的。指环整体为扁圆形，表面并无多余装饰，上方焊有一块方形的斗，斗内镶嵌着一颗八面体金刚石。金刚石是现代矿物学意义上贵重的宝石矿料，也就是我们现在常说的钻石。

说起金刚石，你应该听说过一句俗语——"没有金刚钻，别揽瓷器活"。众所周知，陶瓷是很硬的，可以达到一般钢铁硬度的五倍以上。可见如果要在陶瓷上钻孔打眼，一般的钻头是无法做到的，这时候就要用到金刚钻。金刚钻是用金刚石作钻头原料的一种加工工具，用它就可以轻松地在陶瓷上钻孔，可见金刚石有多么坚硬！其实，不只是生活在当下的我们，古人也很早就了解并利用金刚石的坚硬属性。在刻玉的时候，古人便会将镶嵌有金刚石的大金环拿在手指间，压在玉石上进行雕刻。因此，金刚石也被赋予了"削玉刀"的美称。这么一想，南京市博物馆收藏的这枚嵌金刚石金戒指，或许还具有一定的实用功能呢！

文物名牌
名字：嵌金刚石金戒指
年代：东晋永昌元年（322）
地址：南京市博物馆
标签：风流江东的钻戒

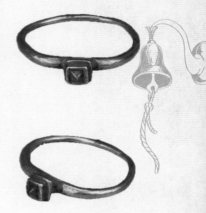

嵌金刚石金戒指

你也许还会好奇，这枚戒指的主人是谁呢？这个问题还需要由考古工作者来回答。实际上，这枚戒指是墓中出土的文物，因而我们只能够通过对考古信息的梳理来找到它的主人。现在，让我们跟着考古人员一起，走进位于南京北郊象山的东晋王氏家族墓——这枚戒指被发现的地方。

说起王氏家族，大家可能并不了解，但说起他

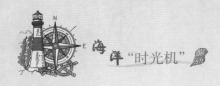

们的另一个名称，大家一定会恍然大悟——"琅琊王氏"，这是魏晋南北朝时期的顶级门阀士族，也是东晋政权的重要支柱。这个家族开基于两汉，在魏晋时期走向鼎盛，并于南朝以后逐渐衰落。

琅琊王氏家族原本一直居住于琅琊郡（今青岛市琅琊镇）的皋虞和临沂之间，西晋末年永嘉之乱后，才举族南渡迁往建康（今南京市）。南渡之后，出于对故土的思念，他们仍以北方故土的名字作为自己的郡望。琅琊王氏之所以被我们熟知，主要是因为这个家族名人辈出，许多大家耳熟能详的成语典故，比如"弹冠相庆"中的王吉、"信口雌黄"中的王衍和"入木三分"中的王羲之都来自这个家族。至于出土了这枚戒指的象山七号墓，考古研究者通过对文献和考古材料的对比分析得出结论，它的墓主人为王廙（yì），是"书圣"王羲之的叔父，也是东晋琅琊王氏家族的重要成员之一。出身于如此显赫的世家大族中，能够拥有这枚戒指也就不足为奇了。

王廙又是从何处获得这枚戒指的呢？这枚戒指是本土匠人专门打造的工艺品，还是从别处商人手中购得的商品，抑或是皇帝赏赐的珍宝？

现今，较为有名的金刚石矿床均位于南非与美洲，在这些矿床被发现前，金刚石只产自锡兰（今斯里兰卡）、波斯（今伊朗）和天竺（今印度）一带。那个时候，我们与许多国家已有贸易往来，南亚、东南亚和西亚各国的商人通常会先乘船到交趾（今越南），再北上来到中国。或许这枚戒指就是当时王廞从商人的手中购入的吧？不过，南朝时期，建康城也时常迎来南亚与东南亚各国使臣的拜访，他们通常会献上金刚指环、玉盘和各种香料作为到访的礼物——说不准，这枚戒指是东晋皇帝赏赐给王廞的域外朝贡品呢。

这枚金刚石戒指设计得如此经典，在今天看来也同样时髦。它一定深受主人的喜爱，才会在主人去世后依旧静静地陪伴在他身侧。今天的我们，透过这枚戒指，不仅能感受到东晋时期琅琊王氏显赫的政治和经济地位，也能洞见当时中国与周边国家频繁的海上文化交流活动。

知识小卡片

王羲之

　　谈到琅琊王氏的名人，王羲之一定是无法回避的一位。他是琅琊临沂（今山东省临沂市）人，是东晋时期的书法家与政治家。王羲之书法造诣极高，被后世称为"书圣"。他一生中最为人称道的时刻，当属永和九年（353）的那场兰亭雅集，他在集会上写出了被誉为"天下第一行书"的《兰亭集序》，得到了后世的狂热追捧。尽管如今《兰亭集序》的真迹不知所踪，今天的我们只能见到它的摹本，却依旧能感受到来自"书圣"的艺术魅力。

嵌宝石莲纹金盒

大明贵妇的随身小包

　　现代社会中许多女性在出门时多会随身携带一只做工精细的小包，尽管这种体量的小包只能装一部手机、一个钱包或一支口红，却是爱美女性们不可或缺的时尚单品。事实上，不只当代女性，生活在明朝的贵妇们也同样对"包"情有独钟。不过，她们的随身小包可不是皮革做的，包里装的也不是手机或化妆品。你想不想知道她们拎的是什么样的包，包里装着什么？好奇的话，就随时光机一同穿越回500多年前的云南，邂逅一位居住在黔国公府的妙龄女子吧！

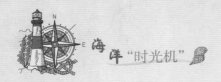

　　我们即将见到的这位女子姓梅，名妙灯，祖籍安徽凤阳，是当朝黔国公沐斌的妾室，出嫁后便随夫君迁居云南。这个沐斌可大有来头，他是明朝开国功臣、第一任黔国公——沐英的孙子。沐家世代忠良，一心一意为朝廷镇守云南边疆，到沐斌这代已是满门勋贵，地位显赫。

　　在一个风和日丽的上午，已过门数月的梅妙灯正准备前往寺院礼佛。侍女们正忙着为她挑选合适的衣物与配饰，其中就包括一个金灿灿的小盒子。

这只小盒子是梅妙灯今天出门要随身携带的小包，它用纯金打造，只比巴掌略大一点儿，表面刻着莲花、云朵等充满美好寓意的纹饰，还嵌满了光彩夺目的宝石——蓝宝石、红宝石、绿松石……简直让人看花了眼！小金盒的背面则工整地雕刻着梵文，尽显主人虔诚的信佛之心。侍女小心翼翼地打开盒盖，往里面放好梅妙灯今日要诵读的佛经，再提起环环相扣的金链，将它挂在她的胸前。梅妙灯对着铜镜照了半天，似乎非常喜爱胸前的这只小金盒，连声赞叹后，便领着侍女们浩浩荡荡地出门了。

文物名牌

名字：嵌宝石莲纹金盒

年代：明成化十年（1474）

地址：南京市博物馆

标签：明朝的"高定"奢侈包

嵌宝石莲纹金盒（一）

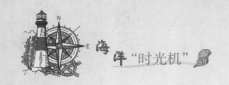
梅妙灯对这件嵌宝石莲纹金盒的喜爱一直持续到生命结束的那一刻，以至于这只小金盒被作为随葬品放进了墓中。直至2008年，考古人员才在南京将军山沐氏家族墓的考古发掘中发现了它。如今，这件曾属于梅妙灯的小金盒，正静静地躺在南京市博物馆的展柜中，迎接来来往往的参观者。

看到这里，你可能会发出疑问——为什么在大明贵妇的小金盒里装着的不是女儿家的梳妆用品，而是礼佛用的微缩版经文呢？据专家考证，这种小金盒的原型是藏区人民所用的"嘎乌盒"。"嘎乌"是藏语，意为"护身佛的盒子"。因此，嘎乌盒是藏民们随身戴于颈上的小型佛龛，主要用于祈求佛祖的加持和保佑，龛中通常装着泥塑或金

嘎乌盒

属制的小佛像，其整体外形一般呈盒状。由此可见，梅妙灯所用的嵌宝石莲纹金盒和佛教信仰有着密不可分的关系，因而盒中才会放置专供念诵的佛经。

佛教最早起源于古印度，至迟在汉代传入中国，并在本土化的过程中逐渐成为中国文化的重要组成部分。谈到佛教的传播，我们总会下意识地将它和陆上丝绸之路联系在一起。其实，海上丝绸之路同样对佛教在中国的传播起到了不可忽视的作用。特别是在唐代以后，随着航海技术的发展，许多中国僧侣改变了以往由陆路前往古印度的路线，选择乘船出海到南亚地区求法。这种转变有效地促进了佛教在中国西南地区的传播，自海上抵达云南等地的梵文和巴利文佛经数不胜数，南传佛教逐渐发扬光大。

除了佛经，这件嵌宝石莲纹金盒上还有一样和海外贸易密切相关的物品，那就是镶嵌在金盒上的红宝石，它并非产自中国，而是产自东南亚的"舶来品"。我们都知道明朝初年郑和下西洋的壮举，实际上，他在率领船队访问印度洋及沿海地区后，便从当地带回了大量的珠玉宝石，它们大多被用作

明朝皇室及贵族御用的装饰品。由于这批宝石品质优异，清朝时期的内务府在制作宫廷首饰时，还会从明朝时期的首饰上拆下宝石来二次使用呢！梅妙灯所用金盒上的宝石究竟是直接由缅甸从陆路进入云南，还是自海上运往中国的，我们已不得而知，但烙印在它身上的中外经贸交流的印迹，却是真实存在的。

嵌宝石莲纹金盒以其时尚华丽的造型，吸引了无数参观者的目光，如今已是南京市博物馆的"明星文物"。尽管它只是明朝贵族女性参加佛教活动时的装饰品，并不是真正意义上的

嵌宝石莲纹金盒（二）

"包"，更不能用斜挎的方式背出门，但仍和当下许多女性携带的小包有异曲同工之妙——美好、精致、优雅！

知识小卡片

莲花纹

　　莲花自古以来就受到文人雅士的青睐和追捧，他们为此写下了大量歌咏莲花的诗篇。他们对莲花的喜爱也延续到其他方面。在建筑、书画乃至各种器皿的表面，我们也能看到莲花的踪影，这些踪影统称为"莲花纹"。莲花纹是如何诞生的呢？其实，它的出现跟佛教有着非常密切的关系。在佛教艺术中，莲花代表"净土"，因此，莲花纹最开始主要出现于佛教建筑物、佛像背屏和各类法器上。随着其吉祥美好的寓意的逐渐普及，莲花纹也渐渐地被应用在佛教之外的其他场合，成了名副其实的"流行元素"。

大报恩寺琉璃塔拱门

会唱歌的"东方瓷塔"

几乎每个人的儿时记忆里都会有童话故事的一席之地，而我们所熟知的童话故事中必然少不了丹麦作家安徒生的作品。《丑小鸭》《卖火柴的小女孩》和《拇指姑娘》等经典名篇几乎陪伴了我们整个童年。而在安徒生众多的童话故事里，你是否还记得一个叫《天国花园》的故事？故事里，名叫"东风"的少年曾身着中国人的衣服回到风妈妈的怀里，风妈妈问他："你从哪里回来的？"他旋即答道："我刚从中国回来，在瓷塔周围跳了一圈舞，把所有的铃铛都弄得'叮当叮当'响呢！"

这个少年所说的"瓷塔"可不是童话里的空中楼阁，而是真实存在过的建筑物！它就是始建于明朝永乐年间的南京大报恩寺内的琉璃塔。这座琉璃塔是什么样子的？为何会漂洋过海出现在安徒生的童话故事中呢？这一切，还要从一位荷兰画师说起。

文物名牌
名字：大报恩寺琉璃塔拱门
年代：明宣德三年（1428）
地址：南京博物院
标签：会唱歌的"东方瓷塔"

大报恩寺琉璃塔拱门

1654 年，荷兰东印度公司派遣了一支使团来中国访问，使团中有一位名叫约翰·尼霍夫的画师。当时的荷兰人还不了解远在东方的中国，因此，参与本次访问的尼霍夫被赋予了一项特殊的任务——用画笔

记录中国的各种奇特事物。

在历经数月的海上漂泊后，这支使团终于到达中国。刚一下船，一行人便直奔当时中国江南地区的中心城市——江宁府（今南京）。他们在聚宝门（今中华门）外的高岗上见到了一座宏伟的宝刹——大报恩寺，寺庙的正中央矗立着一座九层八面的佛塔。这座佛塔通体琉璃、耸入云天，塔内的长明佛灯昼夜不熄，映得整座宝塔流光溢彩、金碧辉煌。更令人惊叹的是，每层的塔檐四周都挂着铜制风铃，清风拂过，空中便响起清脆悦耳的铃铛声。

这座精美绝伦的宝塔深深地吸引了初入中国的尼霍夫。他在僧人的带领下，顺着塔内楼梯向上攀登。塔内的每一层都建有环形的围廊，廊外是琉璃做的拱门，廊上摆放着各种塑像，如此种种，令尼霍夫目不暇接。

顺着楼梯拾级而上，尼霍夫终于到达宝塔的最高层。他站在回廊上，俯瞰繁华的江宁府城，从内秦淮河到雄伟的城墙，整座城市尽收眼底，他的视野甚至能到达长江对岸。回到荷兰，尼霍夫将此次旅行中记录的手稿出版成书，著名的《尼霍夫游记》一书随之诞生。尼霍夫在书中对令他印象深刻的大报恩寺琉璃塔极尽赞美，认为它是世界奇观。很快，这本书就被翻译成多种语言，在西方世界中广为流传，琉璃塔也随着游记的传播名扬四海，又在机缘巧合中成为安徒生笔下的"东方瓷塔"。这下，你该知道《天国花园》的故事是怎么来的了吧？

大报恩寺琉璃塔拱门细节图

或许是大报恩寺琉璃塔在西方世界太过有名，后来它不仅成了来华西方人必游的景点之一，它的造型也被西方国家的建筑设计师们多次模仿。1762 年，

英国皇家建筑设计师钱伯斯就仿照琉璃塔的样式，在英国皇家植物园内修建了一座中式佛塔——邱园宝塔，作为献给当时的国王——乔治三世的礼物。有趣的是，中国佛塔的层数通常都是奇数，而西方各国仿建的宝塔层数却都是偶数。是因为西方人更喜欢偶数吗？其实不然。只要我们仔细观察《尼霍夫游记》中给琉璃塔的配图，便能发现，这其实是因为尼霍夫当年犯了一个美丽的错误——把佛塔的层数画错了，以此为蓝本的西方建筑师们自然就"将错就错"了。

可惜的是，无比辉煌的大报恩寺琉璃塔最终在1856年太平天国运动的战火中化作一堆瓦砾。所幸，在今天的南京博物院内仍然保存着大报恩寺琉璃塔的一座琉璃拱门。通过它，我们依稀能想象出这座琉璃塔曾经的宏伟气派。不过，这座拱门并不能算作真正的"原件"。据史书记载，在建造琉璃塔时，负责烧造琉璃的窑口将每种构件都烧造了三份，一份用来建造琉璃塔，另外两份经编号记录后埋入地下。如果日后琉璃塔有缺损，则可上报工部，将琉璃构件取出，再按编号修配。我们在南京博物院内看到的这扇琉璃拱门，就是当时琉璃塔的备用构件。

《尼霍夫游记》让大报恩寺琉璃塔蜚声海外，安徒生又让它化作风的舞伴，走进千万孩童的童年时光，就连美国中餐厅的白色外卖盒上，也印着琉璃塔的图案。这座南京"瓷塔"承载着无数外国友人对中华文化的好奇与喜爱。如今，在大报恩寺琉璃塔的遗址上，一座用于保护文物的轻质玻璃塔拔地而起，它将继续作为中国文化的符号，见证今日的中外文化交流。

 知识小卡片

琉 璃

琉璃又称瑠璃，在古代常与"玻璃"一词混用。后来，人们称玻璃制品为料器，而用琉璃专指建筑砖瓦构件中的一个品种，这才使两者区分开来。琉璃其实是一种具有多种色彩的铅釉陶，在汉代就已被普遍制造，并于魏晋时期被逐渐运用到建筑的装饰上。到了唐代，匠人们专门用琉璃来装饰宫殿屋顶。自元代起，琉璃的烧造与应用进入全盛期，此时的琉璃作为建筑材料广泛用于宫殿和寺庙的建设中，在中国建筑史上留下了一抹亮丽的色彩。

广州十三行商馆彩绘玻璃画

风伴广州港，今朝更兴盛

　　"帆船自黄埔港出，奋船逐浪至四方"，提及广州这座千年商都的历史，或许很多人的脑海中会浮现出这一画面。广州作为古代海上丝绸之路的发祥地、世界闻名的千年商都，是如何开展海外贸易的呢？与我们今天的贸易有什么不同？现在让我们带着这些疑问跟随时光机一同回到17世纪，跟着约翰去广州做一次生意吧！

约翰是一个来自英国的生意人，他头脑灵活又善于把握市场行情，在伦敦的商业市场里打拼多年，已积累了大量财富。今年，他做了一个大胆的决定——前往中国做生意。其实，早在很多年前，约翰的祖父就想远渡重洋，去看看这个东方古国的真实面貌，并顺便采购中国的特产回国销售，这可是一本万利的买卖——当时的许多同行都靠走私中国的瓷器和茶叶发了大财。然而，那时候的中国却几乎关闭了沿海地区所有的通商口岸，约翰的祖父只得被迫搁置计划已久的行程。

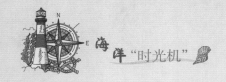
现在，中国的康熙皇帝已经处理完迫在眉睫的国内事务，决定给"海禁"政策松松绑，恢复沿海地区的海外贸易，位于南海之滨的广州自然也位列其中。

一开始，约翰去中国做生意的决心并不坚定。因为他听以前去过中国的同行们说，中国的港口连专门的对接机构都没有，外来商船需要办理的手续也非常繁琐，让人摸不着头脑。驻扎在商港的官员更是对进出口贸易一窍不通，以至于外国商船经常被堵在港外，迟迟不得靠岸。

后来，约翰又听刚从中国回来的朋友说，广州海关的接待流程十分规范，那边还有专门的代理商人，和他们做生意既方便又快捷，比之前好多了。看到朋友赚得盆满钵满，约翰最终下定决心，带着对未知世界的好奇，坐上了前往中国的商船。

历经数月，约翰终于抵达广州的粤海关口，港口人声鼎沸，泊船处飘扬着各国国旗，让人看花了眼。在办理完相关手续后，很快就有专人来接他们前往居住的地方，专人一边带路，还一边嘱咐他们在广州经商的注意事项。因为清政府有"中国人与外国人不得混居"的规定，所以广州当地的官员便在十三行街划定专门区域，为外商们修建下榻休息的商馆。约翰一行被带到了由英国东印度公司设立的商馆前，商馆的舒适程度远远超出他们的想象。约翰兴奋地在日记里写道："它们简直就像私人住宅的套房一样，布置得洁雅怡人。"安顿完毕后，约翰将此行所带的多罗呢绒、羊毛、花椒和胡椒等货物安放在商馆一楼的仓库里，接着就去找有"营业执照"的中国商人们讨论生意的事情。

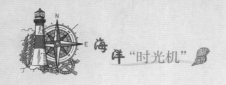

　　对约翰而言，此行最重要的就是联系这些官府的代理人——行商。来华做生意、办理报关手续、交纳关税……甚至是生活琐事和日常起居都离不开行商们的帮助。若是他们这些外国商人想向官府提出要求，也得拜托行商们去传话。广州的行商们很少单独行动，往往"抱团"，成立商行，一同处理与外商的交易事项。这次，约翰所在的商馆与当地小有名气的"怡和行"达成协议，这家商行不仅全额收购了约翰带来的英国商品，还帮助他与中国特产的生产商牵线搭桥，提供采购途径，几乎是方便到家的"一条龙服务"。听说，除了英国商馆，还有许多外国商馆也想和怡和行合作，看来怡和行的服务质量在外国商人里是有口皆碑呀！

　　眼见茶叶、丝绸和其他手工艺品被一箱箱地装上货船，约翰心满意足地完成了此行的主要任务，随即决定去周围逛逛。尽管按规定外国商人们只能在广州十三行附近活动，但这一带也够约翰逛一阵子了。毕竟英国商馆附近就有好几条热闹的商业街。

　　约翰一路闲逛，街两侧的茶楼、酒店和服装店等铺面的吆喝声此起彼伏，与嘈杂的人声交织在一

140

起，形成了喧闹的海洋。突然，他看到了一家开在街边的画店，这对热爱绘画艺术的约翰来说，就像得到了幸运女神的眷顾。更令他惊喜的是，这家店售卖的竟是他钟爱的彩绘玻璃画！约翰满怀喜悦地走了进去，看见画师们正在玻璃镜板上认真地描绘图案。负责迎客的店员见他进来，笑眯眯地向他介绍，原来这家店不仅售卖成品画，还接受定制玻璃画。约翰想着自己还可以在广州逗留一段时间，当即定制了一幅绘有英国商馆的玻璃画，准备带回伦敦留作纪念。

文物名牌
名字：广州十三行商馆彩绘
    玻璃画
年代：19世纪
地址：上海中国航海博物馆
标签：旅游景点的艺术画

广州十三行商馆彩绘玻璃画

　　画师的绘画速度比他想的还快，不到五天，约翰就拿到了定制的装裱好的玻璃画。画面上，包括英国商馆在内的各国商馆屹立江边，商馆楼群的拱券、栏杆、阳台乃至浮雕等细节皆清晰可见。珠江上，中外商船云集，帆索繁复的西式帆船和高大的广东红头船并立江口，两船之间还有许多划艇和舢板。商馆后方，还隐隐露出了广州城的制高点——越秀山。约翰对这幅玻璃画非常满意，将它放进随身包裹中，带回了英国。

　　令人遗憾的是，在约翰离开广州的几十年后，中国再度实行严格的"海禁"政策。所幸，广州十三行作为唯一一处专营对外贸易的垄断机构而被保留下来，来自世界各国的远洋商船纷纷停泊在黄埔港外，继续开展贸易活动。那家专卖玻璃画的店铺仍然屹立在街边——兴许是当年约翰带起的风潮，在他之后，这家画店就开始批量制作绘有各国商馆的玻璃画，它们在外国商人中卖得极好。以至于今天，我们依旧能在中国航海博物馆里见到广州画匠们绘制的广州十三行商馆彩绘玻璃画，一窥当时广州港的繁荣景象。

随着中国对外开放的力度不断加强，广州十三行"一口通商"的垄断局面早已淡出历史舞台。然而，不可否认的是，小小的十三行，为近代广州带来了经济与文化双重繁荣的高光时刻，对中国乃至整个世界的文化与经济交流都产生了深远影响。

海风吹商港，潮打五羊城。今时今日的广州，是开埠 2000 年的国际化大都会。它始终用爆满的货仓和繁忙的港口教导我们：只有出海的商船，才能掀起巨浪；只有开放的国家，才会有光明的未来！

知识小卡片

外销画

　　外销画是伴随广州对外贸易发展而产生的一类绘画作品，也是近代中西文化交流的重要媒介之一。18至19世纪，赴广州从事商贸活动的西方人非常喜欢购买当地的各种工艺品，兼具艺术气息和纪念意义的外销画便由此兴起。外销画的题材包罗万象，包括人物肖像、港口风景、东方建筑、花鸟鱼虫、市井生活、风俗习惯，百业众生乃至茶叶、丝绸、瓷器的制作过程等，几乎囊括了中国社会经济生活的方方面面。它的创作形式丰富而自由，有油画、象牙细密画、玻璃画和水彩画等。可以说，外销画的诞生与发展，集中反映了近代以来西方人想要了解中国社会的迫切需求。